中国医学科学院医学实验动物研究所

U0174930

中国实验动物学会

实验动物科学丛书*21*

丛书总主编　秦　川

IX实验动物工具书系列

中国实验动物学会
团体标准汇编及实施指南

（第七卷）

（下册）

秦　川　主编

科学出版社

北　京

内 容 简 介

本书收录了由中国实验动物学会实验动物标准化专业委员会和全国实验动物标准化技术委员会（SAC/TC281）联合组织编制的第七批中国实验动物学会团体标准及实施指南，总计13项标准及相关实施指南。内容包括实验动物设备相关标准：换笼机（台）；实验动物饲养管理相关标准：SPF级豚鼠饲养管理规范、SPF级兔饲养管理规范、无菌小鼠饲养管理指南、SPF级小型猪培育技术规程、贵州小型猪；实验动物质量控制相关标准：高致病性猪繁殖与呼吸综合征病毒实时荧光定量PCR检测方法、猪细小病毒环介导等温扩增（LAMP）检测方法、呼肠孤病毒Ⅲ型反转录-环介导等温扩增（RT-LAMP）检测方法、质量检测样品采集、猴痘病毒核酸检测方法；动物模型评价相关标准：缺血性脑卒中啮齿类动物模型评价规范；生物安全相关标准：动物感染实验个人防护要求。

本书适合实验动物学、医学、生物学、兽医学研究机构和高等院校从事实验动物生产、使用、管理和检测等相关科研、技术和管理人员使用，也可供对实验动物标准化工作感兴趣的相关人员使用。

图书在版编目（CIP）数据

中国实验动物学会团体标准汇编及实施指南. 第七卷：全2册/秦川主编. —北京：科学出版社，2023.11

（实验动物科学丛书；21）

ISBN 978-7-03-076923-7

Ⅰ. ①中… Ⅱ. ①秦… Ⅲ. ①实验动物学–标准–中国 Ⅳ. ①Q95-65

中国国家版本馆 CIP 数据核字（2023）第 216686 号

责任编辑：罗 静 刘新新 / 责任校对：严 娜
责任印制：肖 兴 / 封面设计：刘新新

科学出版社 出版
北京东黄城根北街 16 号
邮政编码：100717
http://www.sciencep.com

北京中科印刷有限公司 印刷
科学出版社发行 各地新华书店经销

＊

2023 年 11 月第 一 版 开本：787×1092 1/16
2023 年 11 月第一次印刷 印张：13 1/4
字数：320 000

定价：168.00 元（上下册）

编委会名单

丛书总主编：秦　川

主　　　编：秦　川

副　主　编：孔　琪

主要编写人员（以姓氏汉语拼音为序）：

孔　琪　中国医学科学院医学实验动物研究所

邝少松　广东省医学实验动物中心

刘　科　广东省医学实验动物中心

孟爱民　中国医学科学院医学实验动物研究所

潘金春　广东省实验动物监测所

秦　川　中国医学科学院医学实验动物研究所

魏　泓　中山大学附属第一医院

吴　佳　中国科学院武汉病毒研究所

吴曙光　贵州中医药大学

向志光　中国医学科学院医学实验动物研究所

周　洁　上海懿尚生物科技有限公司

秘　　　书：

董蕴涵　中国医学科学院医学实验动物研究所

陈　烨　中国实验动物学会实验动物标准化专业委员会

丛　书　序

实验动物科学是一门新兴交叉学科，它集成生物学、兽医学、生物工程、医学、药学、生物医学工程等学科的理论和方法，以实验动物和动物实验技术为研究对象，为相关学科发展提供系统的生物学材料和相关技术。实验动物科学不仅直接关系到人类疾病研究、新药创制、动物疫病防控、环境与食品安全监测和国家生物安全与生物反恐，而且在航天、航海和脑科学研究中也具有特殊的作用与地位。

虽然国内外都出版了一些实验动物领域的专著，但一直缺少一套能够体现学科特色的丛书，来介绍实验动物科学各个分支学科和领域的科学理论、技术体系和研究进展。

为总结实验动物科学发展经验，形成学科体系，我从2012年起就计划编写一套实验动物丛书，以展示实验动物相关研究成果、促进实验动物学科人才培养、助力行业发展。

经过对丛书的规划设计后，我和相关领域内专家一起承担了编写任务。本丛书由我担任总主编，负责总体设计、规划、安排编写任务，并组织相关领域专家，详细整理了实验动物科学领域的新进展、新理论、新技术、新方法。本丛书是读者了解实验动物科学发展现状、理论知识和技术体系的不二选择。根据学科分类、不同职业的从业要求，丛书内容包括9个系列：Ⅰ实验动物管理系列、Ⅱ实验动物资源系列、Ⅲ实验动物基础系列、Ⅳ比较医学系列、Ⅴ实验动物医学系列、Ⅵ实验动物福利系列、Ⅶ实验动物技术系列、Ⅷ实验动物科普系列和Ⅸ实验动物工具书系列。

本丛书在保证科学性的前提下，力求通俗易懂，融知识性与趣味性于一体，全面生动地将实验动物科学知识呈现给读者，是实验动物科学、医学、药学、生物学、兽医学等相关领域从事管理、科研、教学、生产的从业人员和研究生学习实验动物科学知识的理想读物。

丛书总主编　秦　川　教授

中国医学科学院　学部委员

中国实验动物学会　理事长

全国实验动物标准化技术委员会　主任委员

2023年10月

前　言

自20世纪50年代以来，实验动物科学已经在实验动物管理、实验动物资源、实验动物医学、比较医学、实验动物技术、实验动物标准化等方面取得了重要进展，积累了丰富的研究成果，形成了较为完善的学科体系。本书属于"实验动物科学丛书"中实验动物工具书系列，是实验动物标准化工作的一项重要成果。

实验动物科学在中国有近50年的发展历史，在发展过程中有中国特色的科研成果积累、总结和创新。我们根据实际工作经验，结合创新研究成果，建立新型的标准，在标准制定和创新方面作出"中国贡献"，以引领国际标准发展。标准引领实验动物行业规范化、规模化有序发展，是实验动物依法管理和许可证发放的技术依据。标准为实验动物质量检测提供了依据，减少人兽共患病发生。通过对实验动物及相关产品、服务的标准化，可促进行业规范化发展、供需关系良性发展，提高产业核心竞争力，加强国际贸易保护。通过对影响动物实验结果的各因素的规范化，还可保障科学研究和医药研发的可靠性和经济性。

国务院印发的《深化标准化工作改革方案》（国发〔2015〕13号）文件中指出，市场自主制定的标准分为团体标准和企业标准。政府主导制定的标准侧重于保基本，市场自主制定的标准侧重于提高竞争力。团体标准是由社团法人按照团体确立的标准制定程序自主制定发布，由社会自愿采用的标准。

在国家实施标准化战略的大环境下，2015年，中国实验动物学会（CALAS）联合全国实验动物标准化技术委员会（SAC/TC281）被国家标准化管理委员会批准成为全国首批39家团体标准试点单位之一（标委办工一〔2015〕80号），也是中国科学技术协会首批13家团体标准试点学会之一。

本书以实验动物标准化需求为导向，以实验动物国家标准和团体标准配合发展为核心，实施实验动物标准化战略，大力推动实验动物标准体系的建设，制定一批关键性标准，提高我国实验动物标准化水平和应用。进而为创新型国家建设提供国际水平的支撑，促进相关学科产生一系列国际认可的原创科技成果，提高我国的科技创新能力。通过制定实验动物国际标准，提高我国在国际实验动物领域的话语权，为我国生物医药等行业参与国际竞争提供保障。

　　本书收录了中国实验动物学会团体标准第七批13项。为了配合这批标准的理解和使用，我们还以标准编制说明为依据，组织标准起草人编写了相应标准实施指南作为配套。希望各位读者在使用过程中发现不足，为进一步修订实验动物标准，推进实验动物标准化发展进程提出宝贵的意见和建议。

主编　秦　川　教授

中国医学科学院　学部委员

中国实验动物学会　理事长

全国实验动物标准化技术委员会　主任委员

2023年10月

目　　录

第一章 T/CALAS 112—2022《实验动物 换笼机（台）》实施指南

第一节 工 作 简 况

实验动物在使用 IVC、EVC 等饲养设备时，需要应用换笼平台对动物笼具进行定期更换。此平台可提供洁净空间，保证在笼盒更换环节不会引入污染的风险。但换笼平台目前没有关键参数控制的要求，不能保证此设备对污染风险控制的能力。因此，我们需要对换笼台或是换笼机的基本性能指标做出规范。

中国实验动物学会提出了 2021 年实验动物团体标准的征集需求。

中国医学科学院医学实验动物研究所联合了山东新华医疗器械股份有限公司、苏州猴皇动物实验设备科技有限公司、泰尼百斯中国有限公司、中国食品药品检定研究院、山东省实验动物中心、河北省实验动物中心、中国医学科学院基础医学研究所、中国建筑科学研究院有限公司、天津市实验动物管理办公室、中国疾病预防控制中心、中国食品药品检定研究院、北京大学、清华大学、厦门大学、中南大学、吉林大学、北京脑科学与类脑研究所等单位编制本标准。

第二节 工 作 过 程

该标准由向志光负责组织联络和主要起草，向中国实验动物学会提出立项申请，得到批复后，召开了第一次编制会议，决定由向志光、卢晨焱、赵国强、王树新 4 位对草稿进行补充和完善；多次召开线上研讨，佟伟民、梁磊、耿志宏、卢选成、梁春南、韦玉生、苏金华、王可洲、徐增年、周智君、袁宝、常在、魏然、李文龙、刘巍、王艳蓉、孔琪等老师进一步对标准的内容、格式及适用性等进行了完善。向志光和刘巍对起草组的意见进行了整理并完成了征求意见稿的编制。

2021 年 11 月经中国实验动物学会实验动物标准化专业委员会审查立项。

2022 年 2 月形成征求意见稿初稿。

2022 年 3 月经中国实验动物学会实验动物标准化专业委员会内部审查，经修改后于 2022 年 6 月形成公开征求意见稿。

2022 年 8～9 月中国实验动物学会公开征求意见。根据征求意见结果形成送审稿。

2022 年 12 月经全国实验动物标准化技术委员会审查通过，并根据委员会意见修改形成报批稿。

2023 年 2 月 1 日经中国实验动物学会第七届理事会常务理事会第十一次会议审议通过，批准发布。

第三节 编 写 背 景

国内 IVC 等设备换笼操作没有明确的设备要求，各类换笼操作并不标准，导致实验动物污染风险提高，超净台设备换笼不解决污染风险，安全柜在原理上不适用于换笼操作，设备容易损坏。换笼机有需求，但设备研发、应用的目的和目标不清晰，没有统一标准。

第四节 编 制 原 则

本标准在制定中应遵循以下基本原则：

a）本标准编写格式应符合 GB/T 1.1—2020《标准化工作导则　第 1 部分：标准化文件的结构和起草规则》的规定。

b）本标准规定的技术内容及要求应科学、合理，具有适用性和可操作性。

c）本标准的水平应达到国内领先水平。

第五节 内 容 解 读

本标准主要包括以下内容：

a）根据换笼机使用范围和使用目的，对换笼机的台面尺寸、台面高度，操作窗口高度，台内控制区域的洁净度、台内外气流走向等进行规定。

b）设定基本参数，为换笼台的性能检测提供依据。

第六节 分 析 报 告

本标准的提出，将对换笼机（台）设备的标准化提出科学、适用的技术要求，提高此类设备的适用性，为实验动物微生物质量控制解决在换笼操作中存在的风险。

对于此类设备的研发数据和测试数据，可附 3 份以上测试报告。

第七节 国内外同类标准分析

实验动物换笼机（台）没有国家标准或行业、团体标准。各企业标准并不统一，需要规范化标准要求。

第八节 与法律法规、标准的关系

本标准的制定依据了《实验动物管理条例》，参考了 GB 14925《实验动物　环境及设施》。

第九节 重大分歧意见的处理和依据

在 2021 年进行了标准立项申请，专家给出部分建议，根据专家意见进行了本标准的补充与完善。无重大分歧意见。

第二章　T/CALAS 113—2022《实验动物　高致病性猪繁殖与呼吸综合征病毒实时荧光定量PCR检测方法》实施指南

第一节　工 作 简 况

本标准由中国实验动物学会提出，中国实验动物学会归口，根据中国实验动物学会实验动物标准化专业委员会有关文件及 GB/T 16733—1997《国家标准制定程序的阶段划分及代码》和《采用快速程序制定国家标准的管理规定》的要求，结合实验动物专业具体情况，特制定本标准。由上海懿尚生物科技有限公司、哈尔滨国生生物科技股份有限公司、贵州中医药大学、中国农业科学院哈尔滨兽医研究所按照《中国实验动物学会团体标准编写规范》编制起草。

第二节　工 作 过 程

2021 年 2 月，召开了本课题启动会和第一次研讨会。课题负责人就课题目标、研究内容、技术路线、工作进度、课题管理、经费使用、知识产权等几个方面提出了工作设想，并对课题的研究任务做了具体分工。

2021 年 3 月，完成了对收集到的国内外相关标准及相关资料数据的整理、分析，对已经建立的高致病性猪繁殖与呼吸综合征病毒（HP-PRRSV）实时荧光定量 PCR 检测方法数据进行整理并对方法进行验证。起草小组制定了标准初稿，发送国内实验动物学专家、有关重要企事业单位，公开征求意见。

2021 年 3 月，起草小组针对专家提出的关于格式、关键内容、技术指标、附录问题意见和建议对标准草案进行了修订。并向全国实验动物标准化技术委员会提交了实验动物标准制订计划项目提案表和团标草案。

2021 年 11 月，收到全国实验动物标准化技术委员会立项通知，按照委员会团标撰写要求，对团标草案进行了进一步修订，并面向省内外实验动物相关企事业单位公开征求意见。

2021 年 12 月，起草小组委托三家实验动物研究机构对标准中所制定的方法进行验证。

2022 年 2 月，起草小组整理汇总专家对本标准征求意见稿提出的问题，同时对标准格式进行了规范，最终形成标准送审稿、编制说明、实验验证报告等材料，送交中国实验动物学会实验动物标准化专业委员会秘书处。

2022 年 3 月经中国实验动物学会实验动物标准化专业委员会内部审查，经修改后于 2022 年 6 月形成公开征求意见稿。

2022 年 8～9 月中国实验动物学会公开征求意见。根据征求意见结果形成送审稿。

2022 年 12 月经中国实验动物学会实验动物标准化专业委员会审查通过，并根据专家反馈的意见修改形成报批稿。

2023 年 2 月 1 日经中国实验动物学会第七届理事会常务理事会第十一次会议审议通过，批准发布。

本标准由上海懿尚生物科技有限公司、哈尔滨国生生物科技股份有限公司、贵州中医药大学、中国农业科学院哈尔滨兽医研究所共同起草。起草人为周洁、王牟平、陆涛峰、于海波、陶凌云、尚之寿、李昌文、陈洪岩、吴曙光、刘光磊。陈洪岩负责组织协调，统筹分工；周洁负责技术路线制定和标准撰写；陆涛峰负责检测方法建立；陶凌云、刘光磊负责方法验证；王牟平负责方法学优化；于海波负责编制说明撰写；尚之寿负责查阅文献；李昌文负责征求意见和修订；吴曙光负责组织验证单位实验。

第三节　编　写　背　景

实验动物猪在解剖学、生理学、疾病发生机理等方面与人类极其类似，在生命科学研究领域具有重要价值，作为生物医学材料已呈现出良好的应用前景。实验用猪的大量使用，伴随着相关生物危害的发生，不仅影响实验结果的准确性，也严重威胁实验人员的健康。因此，制定相关病原体检测标准，为病原微生物检测工作提供指导依据尤为重要。中国实验动物学会团体标准 T/CALAS 33—2017《实验动物　SPF 猪微生物学监测》中规定了实验用猪的微生物监测项目，其中猪繁殖与呼吸综合征病毒（PRRSV）是监测项目之一，而高致病性猪繁殖与呼吸综合征病毒（HP-PRRSV）是北美洲型 PRRSV 的高致病性变异株。与普通 PRRSV 相比，HP-PRRSV 可致猪临床症状更典型，发病率和死亡率也更高。通过众多学者的调查分析，充分说明 HP-PRRSV 在我国呈长期带毒、持续流行的状态。因此，建立快速、敏感、特异的核酸诊断方法对于探索 HP-PRRSV 在动物体内的复制、分布情况和病毒的持续感染，以及感染早期的检测和实验用猪的常规检测均具有重要价值。

国家标准 GB/T 18090《猪繁殖与呼吸综合征诊断方法》中规定了 PRRSV 的诊断方法和试剂，包括临床诊断、病毒分离鉴定、免疫过氧化物酶单层试验、间接免疫荧光试验、间接酶联免疫吸附试验等。GB/T 35912—2018《猪繁殖与呼吸综合征病毒荧光 RT-PCR 检测方法》中规定了北美洲型经典 PRRSV 株的检测方法，为 PRRSV 病毒的诊断提供了指导依据。但 HP-PRRSV 在 *Nsp2* 和 *ORF5* 基因的核苷酸序列发生了较大的变异，给诊断增加了难度。上述两项标准均未规定可用于 HP-PRRSV 的诊断。仅 GB/T 27517—2011《鉴别猪繁殖与呼吸综合征病毒高致病性与经典毒株复合 RT-PCR 方法》可用于指导 HP-PRRS 的诊断。

目前实时荧光定量 PCR 检测技术已是成熟的实验室分子生物学检测手段，目前已有多个利用该方法建立的病原学检测技术国家标准，充分说明荧光定量 PCR 检测技术作为成熟的国家标准已得到广泛认可。本试验通过分析 PRRSV 北美洲型经典株和高致病变异株的序列差异，针对高致病变异株序列缺失后的区域设计特异性引物和特异性荧光探针，探针标记 FAM 荧光基团，应用实时荧光定量 PCR 检测技术，通过荧光信号的变化实现针对 HP-PRRSV 核酸的快速检测。与传统 PCR 技术相比，该方法增加了检测的特异性和敏感性，具有可定量病毒、操作简便（不通过电泳分析）、结果直观、重复性好等优点，尤其适用于高致病性 PRRSV 变异株的早期诊断，还能检测高致病性 PRRSV 变异株的高代次细胞毒。

本项目由上海实验动物研究中心、哈尔滨国生生物科技股份有限公司、贵州中医药大学、中国农业科学院哈尔滨兽医研究所、上海懿尚生物科技有限公司承担并完成。工作组在执行国家重点研发计划项目子课题项目"2 种 SPF 猪的病原的抗原检测方法的建立"（2017YFD0501603）过程中，建立了高致病性猪繁殖与呼吸综合征病毒高致病性变异株实时荧光定量 PCR 检测方法，经过多家单位验证，方法可行，且比现行标准中的核酸检测方法更为快捷有效。目前该方法已经被哈尔滨国生生物科技股份有限公司开发为商品化诊断试剂盒，应用前景巨大。工作组收集、整理、汇总了国内外有关资料，参照 GB 14922《实验动物　微生物、寄生虫学等级及监测》和 GB 19489《实验室　生物安全通用要求》，按照《中国实验动物学会团体标准编写规范》的要求进行标准的编制起草。

第四节　编 制 原 则

本标准以国务院批准 1988 年国家科学技术委员会 2 号令公布的《实验动物管理条例》及 1997 年国家科学技术委员会和国家技术监督局联合颁布的《实验动物质量管理办法》为依据，所采用的相关数据经过严谨的科学论证。引用的标准现行有效，适用于本标准相关内容的确定。充分吸收借鉴实验动物领域相关国家和地方标准，尤其近几年新颁布的实验动物地方标准、行业标准、团体标准等。结合我国实验用猪的质量及使用情况选择发病率高、危害严重且无标准指导的 HP-PRRS 建立适用的检测方法制定标准，满足行业对实验用猪的质量需求，检测方法具有可操作性和推广价值。本标准规定了实验动物 HP-PRRSV 的实时荧光 RT-PCR 检测所需的引物和关键程序，对不直接影响结果的通用步骤及试剂等不做过细要求，力求满足最大自由度原则和通用原则。

第五节　内 容 解 读

1. 范围

本文件规定了高致病性猪繁殖与呼吸综合征病毒（HP-PRRSV）实时荧光定量 PCR 检测方法原理、主要设备和材料、检测方法和结果判定。

本标准适用于实验动物及其产品、细胞培养物、实验动物环境和动物源生物制品中 HP-PRRSV 的检测。

2. 主要技术内容

引物设计：参照 GenBank 中 No.EF635006 HuN4 序列设计并合成引物和探针，引物和探针用无 RNase 去离子水配制成 10 μmol/L 储存液，–20℃保存（表 1）。

表1 实时荧光 RT-PCR 扩增引物和探针

引物或探针名称	引物或探针序列（5′→3′）
HP-F	CCCTAGTGAGCGGCAATTGT
HP-R	TCCAGCGCCCTGATTGAA
HP-probe	FAM-TCTGTCGTCGATCCAGA-MGB

样本制备：①血清样品。用无菌注射器抽取受检猪静脉血不少于 5 mL，置于无菌离心管内，室温或者 37℃倾斜放置自然凝集 20 min～30 min，2000 r/min～3000 r/min 离心 10 min，吸取上清液到新的离心管内备用。②公猪精液。按照 GB/T 25172 的方法采集和保存精液。③口腔拭子。大猪使用保定器保定，小猪可以双手保定，用采样拭子蘸取口腔分泌物，放入无菌采样管中。加入 0.5 mL 无菌 PBS，充分涡旋振荡 1 min，反复挤压拭子，弃去拭子后 3000 r/min 离心 5 min，取上清液用于后续核酸提取。④肺灌洗液。完整摘取肺脏/肺叶，送实验室进行灌洗。根据肺脏/肺叶的大小，通过肺管加入 5 mL～10 mL 无菌 PBS，反复揉捏，吸取灌洗液，3000 r/min 离心 5 min，取上清液用于后续核酸提取。⑤组织样品采集。取淋巴结、扁桃体、肺脏、脾脏或肾脏等组织，置于无菌离心管内备用。取 2.0 g 组织，于无菌 5 mL 离心管，加入 4 mL 灭菌 PBS，使用研磨或匀浆的方式制备组织匀浆液，8000 r/min 离心 5 min，取上清液用于后续核酸提取。⑥细胞培养物。细胞培养物反复冻融 3 次，第 3 次解冻后，将细胞培养物置于 1.5 mL 无 RNA 酶的灭菌离心管内，编号备用。取经 3 次反复冻融的细胞培养物，4000 r/min、4℃离心 10 min，取上清液用于后续核酸提取。

RNA 提取：用病毒基因组 RNA 提取试剂提取病毒 RNA，具体步骤参照产品说明书。测定 RNA 浓度进入下一步骤或–80℃保存备用。

荧光 RT-PCR 检测：根据待测样本、阴性对照及阳性对照数量，按表 2 中各组分的比例，取相应量的试剂，充分混匀成 PCR-Mix，瞬时离心后，按照每管 45 μL 分装于 0.2 mL 透明 PCR 管内，将 PCR 管置于 96 孔板上，按顺序排列并做好记录。

表2 实时荧光 RT-PCR 反应体系

组分	1 个检测反应的加入量/μL
M-MLV 反转录酶（200 U/μL）	0.5
5×RT-PCR buffer	10
热启动 Taq DNA 聚合酶（5 U/μL）	2
RNA 酶抑制剂（40 U/μL）	0.5
dNTPs（100 mmol/μL）	0.5
HP-F（10 μmol/μL）	1
HP-R（10 μmol/μL）	1
HP-probe（10 μmol/μL）	0.5
DEPC 水	29
合计	45

根据实验设计，分别向各反应管中加入 5 μL RNA 溶液，盖上盖子，500 r/min 离心 20 s。将加样完成的各反应管放入荧光 PCR 检测仪器中，设置探针为 FAM 标记。

循环条件设置：

第一阶段，反转录 42℃，30 min；

第二阶段，预变性 95℃，1 min；

第三阶段，变性 95℃/15 s，退火、延伸、荧光采集 60℃/30 s，扩增 40 个循环；

第四阶段，仪器冷却 25℃，10 s。

检测结束后，保存结果，根据收集的荧光曲线和 Ct 值判定结果。

阈值设定原则根据仪器噪声情况进行调整，以阈值线刚好超过正常阴性样品扩增的最高点为准。

质量控制：HP-PRRSV 阴性对照，FAM 通道无 Ct 值显示；HP-PRRSV 阳性对照，FAM 通道 Ct 值≤30，且扩增曲线为典型的 S 型；二者要求需在同一次实验中同时满足，否则，本次实验无效，需重新进行。

结果描述及判定：被检测样品 Ct 值≤35，且扩增曲线为典型的 S 型，报告为 HP-PRRSV 核酸阳性；被检测样品 35<Ct 值≤40，判定可疑，应重复检测一次，如检测无 Ct 值显示，报告为 HP-PRRSV 核酸阴性，反之则报告为阳性。

3. 检验规则

参照国标 GB/T 22914—2008《SPF 猪病原的控制与监测》。

第六节 分析报告

猪免疫系统与人类相似性超过 80%，因此，在疫病感染模型研究中，除小鼠和非人灵长类动物外，猪被认为是最有价值的临床前模型动物。目前，猪被广泛用于医学教学、心血管病研究、药物评价和疫病感染模型等领域，主要原因除了其免疫系统与人类高度相似外，还包括以下几方面：①猪与人的重量和器官相似性高；②猪与人生理和疾病进展（特别是新陈代谢和传染性）的相似性高；③猪与人基因组、转录组、蛋白质组等数据库工具的可共用性；④有效克隆猪的应用，以及稳定猪细胞系的存在。近年来，随着猪遗传学研究及生物技术的迅猛发展，使得转基因猪的培育与转基因鼠一样可行。因此，猪作为最理想的模型动物，可用于人类病毒、细菌以及寄生虫的传播、感染动力学、组织分布和致病机制等方面的疫病感染模型的研究工作。做好实验猪微生物质量控制是顺利开展动物实验的前提，因此，建立和完善实验猪病原体检测体系和标准是亟需解决的问题。

PRRSV 是 T/CALAS 33—2017《实验动物 SPF 猪微生物学监测》中规定的实验用猪的微生物检测项目之一，而 HP-PRRSV 是北美洲型 PRRSV 的高致病性变异株。与普通 PRRSV 相比，HP-PRRSV 可致猪临床症状更典型，发病率和死亡率也更高。我国在 1995 年底开始暴发猪繁殖与呼吸综合征，2006 年夏季以来，主要以高致 PRRSV 变异株引发的"高热综合征"为主，导致大量猪发病和死亡，经济损失巨大。推测此类病毒在感染猪体内血液与部分组织的复制速度更快、病毒含量更高、持续时间更长。本试验通过分析 PRRSV 北美洲型经典株和高致病变异株的序列差异，针对高致病变异株序列缺失后的区域设计特异性引物和特异性荧光探针，探针标记 FAM 荧光基团，应用实时荧光 RT-PCR 检测技术，通过荧光信号的变化实现针对 HP-PRRSV 核酸的快速检测。同时检测体系含有内置参照，通过检测内标是否正常来监测待测样本中是否具有 PCR 抑制物，避免 PCR 假阴性。与传统 PCR 技术相比，该方法增加了检测的特异性和敏感性，具有可定量病毒、操作简便（不通过电泳分析）、结果直观、重复性好等优点，尤其适用于高致病性 PRRSV 变异株的早期诊断，同时也能检测国内经典的 CH-la 株和高致病性 PRRSV 变异株的高代次细胞毒。同时也为 HP-PRRSV 与国内经典株致病性比较研究、HP-PRRSV 持续感染、防治 HP-PRRSV 弱毒苗的研制及致病机理等方面的研究提供技术手段。

目前市场上常见的检测试剂盒为检测抗体的 ELISA 检测试剂盒，但对于发病早期或潜伏感染的情况直接检测抗原更为实用，因此，建立快速、敏感、特异和重复性良好并能够定量检测的抗原方法并制订相应的标准作为指导对于实验用猪 HP-PRRSV 的及时诊断和防控具有重要意义。本研究旨在利用实时荧光定量 RT-PCR 抗原检测技术与间接 ELISA 抗体检测技术互为补充，使实验动物质量监控领域的检测变得更为精准便捷。

第七节　国内外同类标准分析

标准起草组查阅了国外相关最新法规标准，GB/T 18090《猪繁殖与呼吸综合征诊断方法》中规定了 PRRSV 的诊断方法和试剂，包括临床诊断、病毒分离鉴定、免疫过氧化物酶单层试验、间接免疫荧光试验、间接酶联免疫吸附试验等。GB/T 35912—2018《猪繁殖与呼吸综合征病毒荧光 RT-PCR 检测方法》中规定了美洲型经典 PRRSV 株的检测方法，但 HP-PRRSV 在 *Nsp2* 和 *ORF5* 基因的核苷酸序列发生了较大的变异，上述两项标准均未规定可用于 HP-PRRS 的诊断。仅 GB/T 27517—2011《鉴别猪繁殖与呼吸综合征病毒高致病性与经典毒株复合 RT-PCR 方法》可用于指导 HP-PRRS 的诊断。但普通的 RT-PCR 方法在病毒含量比较低时，会出现假阴性的结果，灵敏度比较低。而实时荧光定量 RT-PCR 特异性强、重复性好、灵敏度高，其灵敏度可以达到常规 RT-PCR 技术的 10 000 倍。项目组在本标准制定过程中，充分考虑了实验用猪的特性，融合了国内外最新资料及科研成果，标准的技术指标合理、先进，不仅适用于实验用猪的常规检测，还可用于 HP-PRRSV 在动物体内感染进程的监测，本标准也是 GB/T 35912—2018 的有力补充。

第八节　与法律法规、标准的关系

本标准在编制过程中，与现行的法律法规和国家强制性标准保持一致。参考借鉴了 T/CALAS 33—2017《实验动物　SPF 猪微生物学监测》、NY/T 541—2002《动物疫病实验室检验采样方法》、GB/T 22914—2008《SPF 猪病原的控制与监测》、GB 19489《实验室　生物安全通用要求》等现行标准法规；通过查阅大量文献，广泛咨询专家意见，充分考虑了实验用猪生产和使用中的病原微生物监测需要，本标准是对现有标准的有力补充。

第九节 重大分歧意见的处理和依据

从标准结构框架和制定原则的确定、标准的引用、有关技术指标和参数的试验验证、主要条款的确定直到标准草稿征求专家意见(通过函寄和会议形式多次咨询和研讨),均未出现重大意见分歧的情况。

第三章 T/CALAS 114—2022《实验动物 猪细小病毒环介导等温扩增（LAMP）检测方法》实施指南

第一节 工 作 简 况

本标准由中国实验动物学会提出，中国实验动物学会归口，根据中国实验动物学会实验动物标准化专业委员会有关文件及 GB/T 16733—1997《国家标准制定程序的阶段划分及代码》和《采用快速程序制定国家标准的管理规定》的要求，结合实验动物专业具体情况，特制定本标准。由上海懿尚生物科技有限公司、贵州中医药大学、中国农业科学院哈尔滨兽医研究所、哈尔滨国生生物科技股份有限公司按照《中国实验动物学会团体标准编写规范》编制起草。

第二节 工 作 过 程

2021 年 2 月，召开了本课题启动会和第一次研讨会。课题负责人就课题目标、研究内容、技术路线、工作进度、课题管理、经费使用、知识产权等几个方面提出了工作设想，并对课题的研究任务做了具体分工。

2021 年 3 月，完成了对收集到的国内外相关标准及相关资料数据的整理、分析，对已经建立的猪细小病毒环介导等温扩增（LAMP）检测方法数据进行整理并对方法进行验证。起草小组制定了标准初稿，发送国内实验动物学专家、有关重要企事业单位，公开征求意见。

2021 年 3 月，起草小组针对专家提出的关于格式、关键内容、技术指标、附录问题意见和建议对标准草案进行了修订，并向全国实验动物标准化技术委员会提交了实验动物标准制订计划项目提案表和团标草案。

2021 年 11 月，收到全国实验动物标准化技术委员会立项通知，按照委员会团标撰写要求，对团标草案进行了进一步修订，并面向省内外实验动物相关企事业单位公开征求意见。

2021 年 12 月，起草小组委托三家实验动物研究机构对标准中所制定的方法进行验证。

2022 年 2 月，起草小组整理汇总专家对本标准征求意见稿提出的问题，同时对标准格式进行了规范，最终形成标准送审稿、编制说明、实验验证报告等材料，送交中国实验动物学会实验动物标准化专业委员会秘书处。

2022 年 3 月经中国实验动物学会实验动物标准化专业委员会内部审查，经修改后于 2022 年 6 月形成公开征求意见稿。

2022 年 8～9 月中国实验动物学会公开征求意见。根据征求意见结果形成送审稿。

2022 年 12 月经全国实验动物标准化技术委员会审查通过，并根据委员会意见修改形成报批稿。

2023 年 2 月 1 日经中国实验动物学会第七届理事会常务理事会第十一次会议审议通过，批准发布。

本标准由上海懿尚生物科技有限公司、贵州中医药大学、中国农业科学院哈尔滨兽医研究所、哈尔滨国生生物科技股份有限公司共同起草，起草人为周洁、王牟平、于海波、陆涛峰、陶凌云、尚之寿、陈洪岩、李昌文。陈洪岩负责组织协调，统筹分工；周洁负责检测方法建立和标准撰写；王牟平负责方法验证；陆涛峰负责方法学优化；于海波负责编制说明撰写；尚之寿负责查阅文献；陶凌云负责征求意见；李昌文负责修订。

第三节 编 写 背 景

猪是国际公认的标准化高等级实验动物，是生命科学研究、生物制品生产的重要实验材料和原材料，对于解决在动物疫病发生、发展、传播和致病机制研究，以及防疫用生物制品研制中的科学问题和关键技术具有重要价值。猪细小病毒（PPV）是引起母猪繁殖障碍的重要病原体之一，主要引起母猪发生流产、死胎、畸形胎、木乃伊胎及不孕等。近年来，国内猪细小病毒病有上升的趋势，并且常常与猪圆环病毒 2 型、猪繁殖与呼吸综合征病毒、伪狂犬病病毒等发生混合感染，给鉴别诊断增加难度。PPV 无囊膜的结构决定了其环境抗性，一旦感染可能会影响猪场数十年之久，及时诊断意义重大。目前关于实验用猪的微生物学监测及相关病原体的检测方法国标尚为空白，中国实验动物学会团体标准 T/CALAS 33—2017《实验动物　SPF 猪微生物学监测》中规定了猪细小病毒为 SPF 猪的监测项目。PPV 的感染可根据临床症状并结合实验室检测结果做出诊断，实验室诊断方法包括病毒分离、免疫荧光、PCR、猪细小病毒红细胞凝集抑制试验、间接 ELISA 等。在标准 SN/T 1919—2007《猪细小病毒病红细胞凝集抑制试验操作规程》、NY/T 2840—2015《猪细小病毒间接 ELISA 抗体检测方法》、SN/T 1919—2016《猪细小病毒病检疫技术规范》中对上述方法作了规定。

随着科学研究对实验用猪使用量和质量要求的不断提高，病原微生物检测能力也应不断提升和改进。LAMP 技术是 2000 年起源于日本的一种核酸扩增新技术。它通过内、外引物识别靶序列上的 6 个特异区域，和 Bst DNA 聚合酶在恒温（60℃～65℃）下形成瀑布式的核酸高效扩增，其扩增效率和特异性远超于常规核酸诊断方法。LAMP 技术自开发以来已广泛应用于细菌、病毒的定性定量检测、医学临床疾病的诊断和出入境检疫检验等领域。在我国已有多项 LAMP 检测技术的国家标准、行业标准颁布实施，例如，SN/T 3306.4—2012《国境口岸环介导恒温扩增（LAMP）检测方法　第 4 部分：嗜肺军团菌》，其中规定了多种病原微生物的 LAMP 检测方法。

本研究所建立的猪细小病毒环介导等温扩增（LAMP）检测方法敏感度与荧光定量 PCR相当，但反应时间大大缩短，可在 1 小时内完成。操作简单，仅需一台水浴锅，反应结果可通过颜色判定，尤其适合感染早期诊断和批量检测，该方法标准的制定对于实验用猪 PPV的检测技术规范化操作具有指导意义。

本项目由上海懿尚生物科技有限公司、中国农业科学院哈尔滨兽医研究所、哈尔滨国生生物科技股份有限公司、贵州中医药大学共同承担并完成。工作组在执行国家重点研发计划项目子课题项目"2 种 SPF 猪的病原的抗原检测方法的建立"（2017YFD0501603）过程中，建立了猪细小病毒环介导等温扩增（LAMP）的核酸检测方法，经过多家单位验证，方法可行，且比现行标准中的核酸检测方法更为快捷有效。工作组通过收集、整理、汇总国内外有关资料，参照 GB 14922《实验动物　微生物、寄生虫学等级及监测》和 GB 19489《实验室　生物安全通用要求》，按照《中国实验动物学会团体标准编写规范》的要求进行标准的编制起草。

第四节　编 制 原 则

所采用的相关数据经过严谨的科学论证；引用的标准现行有效，适用于本标准相关内容的确定；充分吸收借鉴实验动物领域相关国家和地方标准，尤其近几年新颁布的实验动物地方标准、行业标准、团体标准等；本标准以国务院批准 1988 年国家科学技术委员会 2号令公布的《实验动物管理条例》及 1997 年国家科学技术委员会和国家技术监督局联合颁布的《实验动物质量管理办法》为依据，结合我国实验用猪的质量及使用情况选择发病率高、危害严重的 PPV 建立适用的检测方法制定标准，满足行业对实验用猪的质量需求，检测方法具有可操作性和推广价值。本标准规定了实验动物 PPV 的 LAMP 检测所需的引物和关键程序，对不直接影响结果的通用步骤及试剂等不做过细要求，力求满足最大自由度原则和通用原则。

第五节　内 容 解 读

一、标准范围

本标准规定了猪细小病毒（PPV）环介导等温扩增（LAMP）检测技术的操作方法。本标准适用于实验用猪细小病毒的抗原检测。

二、主要技术内容

1. 引物

参照 GenBank 中 PPV 的全基因组序列（NC_001718），选择保守区利用在线软件 Primer Explorer V4 设计一组引物。

F3：5′-CAACAATGGCTAGCTATATGC-3′

B3：5′-AAGTTGGTGTTGTTGGCT-3′

FIP：5′-GGTGTATTTATTGGGGTTTGCA-TTTT -3′

BIP：5′-TTTGGGGAAACTTCG-TTTT -3′

LB：5′-TGGCTCCTCCCATTTTTCTGA -3′

LP：5′-AGCGGACAACAACTACGCA -3′

2. 样本 DNA 提取

无菌采集待检实验用猪静脉血、公猪精液、疑似病死猪实质器官组织、肠系膜淋巴结、流产胎儿的组织等。处理后样品用病毒核酸提取试剂盒提取 DNA，测定浓度备用。

3. LAMP 检测

Loopamp®核糖核酸扩增试剂盒（SLP244）、环介导等温扩增法 FDR 荧光检测试剂盒（SLP221）配置 25 μL 反应体系：2×反应缓冲液（RM）12.5 μL，10× LAMP Primer Mix 2.5 μL（其中，FIP/BIP 为 16 μmol/L，F3/B3 为 2 μmol/L，LP/LB 为 4 μmol/L），Bst DNA 聚合酶 1 μL，去离子水 3 μL，样本 DNA 5 μL，LAMP 荧光目视试剂 1 μL。63℃恒温下反应 60 min。

4. 结果判定

反应结束后反应液呈现绿色荧光判为阳性，透明浅橙黄色判为阴性。

第六节　分析报告

猪和人在皮肤、心血管系统、免疫系统等解剖组织、生理和营养代谢方面极为相似。猪作为实验动物从早期研究酒精对机体影响的动物模型，经过数十年的发展，逐渐延伸到人类心血管疾病、糖尿病等领域的基础研究。近年来，随着研究的深入和实验动物猪品系化培育的发展，以猪为实验动物模型的人类疾病研究越来越多，猪作为实验动物在皮肤、心血管系统、糖尿病及骨科等领域的研究中，有着其他实验动物不可替代的优势。在毒理学研究与药物安全评价领域中猪同样被认为是一个非常具有潜力的新型实验动物。在异种移植领域，早在 2000 年国际异种移植协会就发布了关于接受 1 型糖尿病猪胰岛产品临床试验条件的一致声明，同时公布了相关的标准。公开资料显示，早期美国监管部门对猪作为异种移植供体猪的要求也发布了相应的标准并得到了广泛认可。当前，实验猪的异种移植研究已有一定的临床数据，如小型猪作为异种移植供体猪临床试验筛选及异种移植耐受模型研究。随着研究的深入，猪作为实验动物在科学研究中的优势将逐渐被发掘，使用范围也将会越来越广阔。

随着科学研究对实验用猪使用量和质量要求的不断提高，病原微生物检测能力也应不断提升和改进。猪细小病毒作为引起母猪繁殖障碍的重要病原体之一，会导致母猪发生流产、死胎、畸形胎、木乃伊胎及不孕等，对于实验猪种群的繁育及试验结果均有重大影响，而目前我国尚无实验动物猪细小病毒的方法学检测标准，因此，该标准的制定对于实验动物猪细小病毒的检测具有重要指导意义。

本实验参照 GenBank 中 PPV 的保守区 VP2 基因序列（NC001718）设计多套 LAMP 引物，通过 Turbidimeter LA-320C 仪监测反应进程并筛选最佳引物组合，优化反应条件，建立了对 PPV 核酸进行特异性扩增的 LAMP 检测方法，并可通过加入目测荧光检测试剂肉眼判断结果。对所建立的方法进行了敏感性、特异性评估，并对人工感染样品进行了检测。结果显示，该方法在 65℃恒温下作用 60 min，PPV 核酸获得了高效特异性扩增，与其余常见猪易感病毒，如猪圆环病毒 2 型、猪伪狂犬病病毒、猪繁殖与呼吸综合征病毒等无交叉反应；最低检出量为 7.2 pg 基因组 DNA，敏感性高于 PCR 方法 1 个数量级，加入目测荧光染料判断结果与 Real Time Turbidimeter LA-320 仪监测结果一致，证明该方法可通过肉眼观测颜色直接判定结果。

我们邀请复旦大学药学院、中国科学院上海药物研究所、东北农业大学等多家单位对该方法进行了验证试验，结果证实所建立的 PPV 检测方法具有快速、特异、灵敏、操作简单的特点，在 PPV 的检测领域具有良好应用前景。鉴于实验猪在生物医药产业的广泛应用，该方法的推广或将带来显著的经济效益。

第七节　国内外同类标准分析

标准起草组查阅了国外相关最新法规标准，未发现有猪细小病毒 LAMP 检测技术的标准。通过联机检索，国内关于 PPV 检测方法的标准只有商检行业标准 SN/T 1919—2007《猪细小病毒病红细胞凝集抑制试验操作规程》、农业行业标准 NY/T 2840—2015《猪细小病毒间接 ELISA 抗体检测方法》、四川省地方标准 DB51/T 665—2018《猪细小病毒病防治技术规范》、出入境检验检疫行业标准 SN/T 1919—2016《猪细小病毒病检疫技术规范》中对 PPV 的部分检测方法做了规定，包括病毒分离、免疫荧光、PCR、猪细小病毒红细胞凝集抑制试验、间接 ELISA、荧光定量 PCR 等，尚无以 LAMP 技术制定的猪细小病毒的检测标准，在实验动物行业无实验用猪的病原微生物检测方法标准。因此，在本标准制定过程中，充分考虑了实验用猪的特性，融合了国内外最新资料及科研成果，标准的技术指标合理、先进，适用于实验用猪的检测，且达到了国内领先水平。

第八节　与法律法规、标准的关系

本标准在编制过程中，与现行的法律、法规和国家强制性标准保持一致。为了加强实验动物管理，保证实验动物和动物实验的质量，维护公共卫生安全，国家科学技术委员会于 1998 年颁布了《实验动物管理条例》（国务院批准，国家科学技术委员会令第 2 号），并于 2010 年、2013 年进行了二次修订，规定实验动物应按照相应控制标准进行管理。LAMP 作为一项高效、便捷的新型核酸检测技术已广泛应用于医学临床疾病的诊断和出入境检疫检验等领域，并有多项 LAMP 检测技术的国家标准、行业标准颁布实施。而在实验动物行业目前尚无猪细小病毒 LAMP 检测技术标准或指南。本标准遵守现行法律法规，并参考借鉴了 T/CALAS 33—2017《实验动物　SPF 猪微生物学监测》、NY/T 541—2002《动物疫病实验室检验采样方法》、GB/T 22914—2008《SPF 猪病原的控制与监测》、GB 19489《实验室　生物安全通用要求》等现行标准法规；通过大量查阅文献，广泛咨询专家意见，充分考虑了实验用猪生产和使用中的病原微生物监测需要，故本标准是对现有标准的有力补充。

第九节　重大分歧意见的处理和依据

从标准结构框架和制定原则的确定、标准的引用、有关技术指标和参数的试验验证、主要条款的确定直到标准草稿征求专家意见（通过函寄和会议形式多次咨询和研讨），均未出现重大意见分歧的情况。

第四章　T/CALAS 115—2022《实验动物　呼肠孤病毒Ⅲ型反转录–环介导等温扩增（RT-LAMP）检测方法》实施指南

第一节　工 作 简 况

本标准由中国实验动物学会提出，中国实验动物学会归口，根据中国实验动物学会实验动物标准化专业委员会有关文件及 GB/T 16733—1997《国家标准制定程序的阶段划分及代码》和《采用快速程序制定国家标准的管理规定》的要求，结合实验动物专业具体情况，特制定本标准。由上海懿尚生物科技有限公司、贵州中医药大学、中国农业科学院哈尔滨兽医研究所、上海海关动植物与食品检验检疫技术中心按照《中国实验动物学会团体标准编写规范》编制起草。

第二节　工 作 过 程

2021 年 2 月，召开了本课题启动会和第一次研讨会。课题负责人就课题目标、研究内容、技术路线、工作进度、课题管理、经费使用、知识产权等几个方面提出了工作设想，并对课题的研究任务做了具体分工。

2021 年 3 月，完成了对收集到的国内外相关标准及相关资料数据的整理、分析，对已经建立的呼肠孤病毒Ⅲ型（Reo-3）RT-LAMP 检测方法数据进行整理并对方法进行验证。起草小组制定了标准初稿，发送国内实验动物学专家、有关重要企事业单位，公开征求意见。

2021 年 3 月，起草小组针对专家提出的关于格式、关键内容、技术指标、附录问题意见和建议对标准草案进行了修订。并向全国实验动物标准化技术委员会提交了实验动物标准制订计划项目提案表和团标草案。

2021 年 11 月，收到全国实验动物标准化技术委员会立项通知，按照委员会团标撰写要求，对团标草案进行了进一步修订，并面向省内外实验动物相关企事业单位公开征求意见。

2021 年 12 月，起草小组委托三家实验动物研究机构对标准中所制定的方法进行验证。

2022 年 1 月，起草小组整理汇总专家对本标准征求意见稿提出的问题，同时对标准格式进行了规范，最终形成标准送审稿、编制说明，实验验证报告等材料，送交中国实验动物学会实验动物标准化专业委员会秘书处。

2022 年 3 月经中国实验动物学会实验动物标准化专业委员会内部审查，经修改后于 2022 年 6 月形成公开征求意见稿。

2022 年 8～9 月中国实验动物学会公开征求意见。根据征求意见结果形成送审稿。

2022 年 12 月经全国实验动物标准化技术委员会审查通过，并根据委员会意见修改形成报批稿。

2023 年 2 月 1 日经中国实验动物学会第七届理事会常务理事会第十一次会议审议通过，批准发布。

本标准由上海懿尚生物科技有限公司、贵州中医药大学、中国农业科学院哈尔滨兽医研究所、上海海关动植物与食品检验检疫技术中心共同起草，起草人为周洁、陶凌云、陆涛峰、于海波、尚之寿、王艳、张强。尚之寿负责组织协调，统筹分工；周洁负责检测方法建立；陶凌云负责方法验证；陆涛峰负责标准撰写；于海波负责编制说明撰写；王艳负责查阅文献、征求意见；张强负责修订。

第三节　编　写　背　景

呼肠孤病毒Ⅲ型（reovirus type 3，Reo-3）在分类上属于呼肠孤病毒科 Reoviridae 正呼肠孤病毒属 *Orthoreovirus*。Reo-3 主要通过消化道、呼吸道、空气和粪-口等途径传播，Reo-3 在环境中能稳定生存是造成病毒污染的主要原因。小鼠发生感染时，急性病例主要见于新生乳鼠和断乳小鼠，慢性病例则见于 28 日龄以上的小鼠，其临床表现以油性被毛效应和脂肪性下痢为特征。小鼠感染后的病理变化主要表现为肝炎、脑炎和胰腺炎。Reo-3 可使感染小鼠体内胰淀粉酶、脂肪酶活性降低，胰蛋白酶活性升高；也可破坏胰岛 β 细胞，造成胰岛素分泌减少，产生类似糖尿病的代谢和病理改变。Reo-3 在宿主对环境致癌物的应答中还起到免疫刺激作用，严重干扰动物试验，是实验小鼠较严重的病毒病之一。

Reo-3 也是国家标准 GB 14922—2022《实验动物　微生物、寄生虫学等级及监测》要求 SPF 级实验大鼠、小鼠、豚鼠、地鼠的必检项目之一，检测结果要求为阴性。定期抽样检测是预防和控制鼠群中 Reo-3 感染的重要手段。国家标准 GB/T 14926.25—2001《实验动物　呼肠孤病毒Ⅲ型检测方法》推荐间接 ELISA 方法检测小鼠血清中 Reo-3 抗体，间接 ELISA 简便快捷，但每种方法均有其局限性，以下几种情况用间接 ELISA 方法检测血清中抗体不适用：①当小鼠感染病毒初期抗体尚未产生，或隐性带毒小鼠的血清抗体水平较低，血清学检测方法有可能检不出。②裸小鼠有免疫缺陷，感染病毒后不易产生抗体，用间接 ELISA 方法检测易产生假阴性。③转基因小鼠存在非特异性抗体增高的现象，即特异性抗原孔 OD 值增高的同时，对照孔的 OD 值也同时增高，说明用间接 ELISA 方法检测转基因小鼠病毒抗体的本底值较高，易产生假阳性。因此，需建立一种高效、便捷、稳定的直接检测 Reo-3 抗原的方法，与间接 ELISA 方法互为补充，并形成标准用于指导应用于所有类型小鼠的检测。

环介导等温扩增法（即 LAMP 法）是日本学者 Notomi 等在 2000 年发明一种新型的核酸扩增新技术。它通过内、外、环三对引物识别靶序列上的 8 个特异区域，和 Bst DNA 聚合酶在恒温（60℃～65℃）下形成瀑布式的核酸高效扩增。LAMP 方法具有特异性强、等温高效、结果可视化、操作简单等优点，扩增效率远高于传统的核酸检测方法，因此 LAMP 技术自开发以来已广泛应用于细菌和病毒的定性定量检测、临床疾病的诊断、动植物中致病微生物的检测、胚胎性别鉴定等相关领域，本研究根据 Reo-3 的基因组特点，设计一套特异性 LAMP 引物，建立 Reo-3 的 LAMP 检测方法，经验证所建立的方法敏感性、特异性良好，操作简便，已获得国家发明专利的授权（专利号: ZL2018 1 0060585.X）。

本项目由上海懿尚生物科技有限公司、贵州中医药大学、中国农业科学院哈尔滨兽医研究所、上海海关动植物与食品检验检疫技术中心承担并完成。建立了检测 Reo-3 的 RT-LAMP 核酸检测方法，并通过收集、整理、汇总国内外有关资料，参照 GB 14922—2022《实验动物　微生物、寄生虫学等级及监测》和 GB 19489《实验室　生物安全通用要求》，按照《中国实验动物学会团体标准编写规范》的要求进行标准的编制起草。

第四节　编制原则

所采用的相关数据经过严谨的科学论证；引用的标准现行有效，适用于本标准相关内容的确定；充分吸收借鉴实验动物领域相关国家和地方标准，尤其近几年新颁布的实验动物地方标准、行业标准、团体标准等；结合我国实验用小鼠的质量及使用情况选择发病率高、危害严重的病原体建立适用的检测方法制定标准，满足行业对实验小鼠的质量需求；检测方法具有可操作性和推广价值。

第五节　内容解读

一、范围

本标准规定了呼肠孤病毒 Ⅲ 型（Reo-3）的检测原理、试剂和器材、检测方法和结果判定。

本标准适用于实验动物小鼠、大鼠、地鼠、豚鼠 Reo-3 的检测。

二、主要技术内容

1. 引物

参照 GenBank 中 Reo-3 的 S1 基因序列（NC_004105.1），利用在线软件 Primer Explorer V4 设计一组引物。

F3：5′- CTCTTGAGCAAAGTCGGGAT -3′

B3：5′- ACGAGATTGTCGTGATCAACG -3′

FIP：5′- GAGGGCTCCGATAGAGCTTTCCAGACTTGGTTGCATCAGTCAGT -3′

BIP：5′- TTCGAGTGTTACCCAGTTGGGTGCGTACGTCTGCAAGTCCTG -3′

2. 样本 RNA 提取

采集肛拭子或活体动物安乐死处死后采集盲肠内容物或肝脏组织 1.0 g 置于 2 mL 离心

管，加入适量磷酸盐缓冲液（PBS），充分匀浆后 12 000 r/min 离心 5 min，取上清，用病毒基因组 RNA 提取试剂盒提取病毒 RNA，具体步骤参照产品说明书。测定 RNA 浓度进入下一步骤或–80℃保存备用。

3. RT-LAMP 检测

使用 RT-LAMP 试剂、LAMP 荧光目视试剂在反应管中配置反应体系：2×反应缓冲液（RM）12.5 μL：FIP 引物 40 pmol（1 μL），BIP 引物 40 pmol（1 μL），F3 引物 5 pmol（1 μL），B3 引物 5 pmol（1 μL），酶溶液 1 μL，DEPC 去离子水 1.5 μL，样本 RNA 5 μL，LAMP 荧光目视试剂 1 μL。65℃恒温下反应 60 min。

4. 结果判定

反应结束后反应液呈现绿色荧光判为阳性，透明浅橙黄色判为阴性。

三、检验规则

参照国家标准 GB 14922—2022《实验动物　微生物、寄生虫学等级及监测》。

第六节　分　析　报　告

目前 Reo-3 的检测普遍采用国标推荐的间接 ELISA 方法，该方法检测抗体不能检出隐性感染，裸小鼠检测抗体易产生假阴性结果，转基因小鼠存在非特异性抗体增高的现象，即特异性抗原孔 OD 值增高的同时，对照孔的 OD 值也同时增高，易产生假阳性。国外一般采取抗原抗体方法联合检测，抗原检测一般采用 PCR、荧光定量 PCR、LAMP（环介导等温扩增）等方法。其中 LAMP 方法是 2000 年起源于日本的一种核酸扩增新技术。它通过内、外引物识别靶序列上的 6 个特异区域，和 Bst DNA 聚合酶在恒温（60℃～65℃）下形成瀑布式的核酸高效扩增，对于 RNA 病毒可实现一步法，无需反转录，其扩增效率远超于常规核酸诊断方法。

本研究旨在利用 LAMP 检测技术弥补间接 ELISA 方法在 Reo-3 检测领域的不足，抗原抗体方法互为补充，使实验动物质量监控领域的检测变得更为精准便捷。该方法利用 4 种不同的特异性引物识别靶基因的 6 个特定区域，特异性高；与传统 PCR 及其衍生方法相比，LAMP 方法更为灵敏、便捷、操作简单，RNA 病毒无需反转录可一步完成等温扩增，反应全程 1 小时，反应结果可肉眼判定，且目前 LAMP 方法在实验动物领域的研究较少，因而有很大市场潜力，具有推广价值。

本实验参照 GenBank 中 Reo-3 的 S1 基因序列（NC_004105.1）设计多套 RT-LAMP 引物，通过 Turbidimeter LA-320C 仪监测反应进程并筛选最佳引物组合，优化反应条件，建立了对 Reo-3 核酸进行特异性扩增的 RT-LAMP 检测方法，并可通过加入目测荧光检测试剂肉眼判断结果。经过方法学评价证实所建立的 RT-LAMP 方法具有良好的特异性、敏感性，可检出 530 fg/μL 的 Reo-3 核酸。将该方法初步应用于 Reo-3 的检测，所检 30 份 SPF 小鼠样品结果与 ELISA 结果相一致。由于近年来未见有 Reo-3 在上海地区实验鼠群中流行，因此人工饲养的实验小鼠基本上为 Reo-3 阴性。为了进一步验证，我们人为在小鼠血样中随机混入 Reo-3 细胞培养物，提取核酸后进行检测，结果发现阳性数量与我们混入 Reo-3

细胞培养物的数量一致，说明本文所建立的检测 Reo-3 抗原的方法有效。而且该方法可肉眼观察反应结果，全程闭管操作，可从源头上控制气溶胶污染，从而解决在生产现场的可视化使用问题。

我们邀请复旦大学药学院、中国科学院上海药物研究所、东北农业大学等多家单位对该方法进行了验证试验，结果证实所建立的 Reo-3 RT-LAMP 检测方法具有快速、特异、灵敏、操作简单等特点，可与间接 ELISA 方法互为补充，在小鼠肝炎病毒的检测方面具有良好应用前景。鉴于实验小鼠在生物医药产业的广泛应用，该方法的推广或将带来显著经济效益。

第七节　国内外同类标准分析

通过联机检索，国内关于 Reo-3 检测方法的标准只有国家标准 GB/T 14926.25—2001《实验动物　呼肠孤病毒 Ⅲ 型检测方法》和团体标准 T/CALAS 50—2017《实验动物　呼肠孤病毒 Ⅲ 型 PCR 检测方法》，国内外未查到与本标准中 RT-LAMP 检测方法相关的 Reo-3 标准。本标准在制定过程中，充分考虑了各类实验用小鼠的特性，融合了国内外最新资料及科研成果，标准的技术指标合理、先进，适用于所有类型实验小鼠的检测，与国标中的间接 ELISA 方法互为补充，达到了国内领先水平。

第八节　与法律法规、标准的关系

本标准符合现行的法律法规和强制性国家标准要求，本标准所规定的抗原检测方法是国标 GB/T 14926.25—2001《实验动物　呼肠孤病毒Ⅲ型检测方法》中血清学检测方法的有力补充。二者结合起来适用于所有类型小鼠的检测，使转基因小鼠、裸小鼠、隐性带毒小鼠的检测更为精准。

第九节　重大分歧意见的处理和依据

从标准结构框架和制定原则的确定、标准的引用、有关技术指标和参数的试验验证、主要条款的确定直到标准草稿征求专家意见（通过函寄和会议形式多次咨询和研讨），均未出现重大意见分歧的情况。

参　考　文　献

周洁, 陶凌云, 胡建华, 高诚, 于海波. 2018. 一种用于快速检测小鼠呼肠孤病毒 3 型的成套引物及其应用: ZL2018 1 0960585.X

Lu TF, Tao LY, Yu HB, Zhang H, Wu YJ, Wu SG, Zhou J. 2021. Development of a reverse transcription loop mediated isothermal amplification assay for the detection of Mouse reovirus type 3 in laboratory mice. Scientific Reports, 11(1): 3508

第五章　T/CALAS 116—2022《实验动物　质量检测样品采集》实施指南

第一节　工 作 简 况

实验动物标准、规范化地进行质量检测，涉及各类样品的采集。除了在群体中进行抽样而评估群体质量外，采集样品的取材部位、取材时机、取材样本量、样本检测前的处置等都会对动物质量评价产生影响，因此需要对质量检测样品的采集活动做标准化建议。

中国实验动物学会提出了 2021 年实验动物团体标准的征集需求。

中国医学科学院医学实验动物研究所联合多家从事实验动物质量检测的单位提出了本标准。

第二节　工 作 过 程

本标准由向志光负责组织联络和主要起草，向中国实验动物学会提出立项申请，得到批复后，召开了第一次编制会议，决定由向志光、范薇、郭连香、韩雪 4 位对草稿进行补充和完善；多次召开线上研讨，付瑞、张钰、魏晓峰、佟巍、张丽芳、李长龙、戴方伟、魏强、岳秉飞等进一步对标准的内容、格式及适用性等进行了完善。

2022 年 3 月经中国实验动物学会实验动物标准化专业委员会内部审查，经修改后于 2022 年 6 月形成公开征求意见稿。

2022 年 8～9 月中国实验动物学会公开征求意见。根据征求意见结果形成送审稿。

2022 年 12 月经全国实验动物标准化技术委员会审查通过，并根据委员会意见修改形成报批稿。

2023 年 2 月 1 日经中国实验动物学会第七届理事会常务理事会第十一次会议审议通过，批准发布。

第三节　编 写 背 景

国内相关标准 GB/T 14926.42《实验动物　细菌学检测 标本采集》为实验动物细菌检测采集技术方法，NY/T 541《兽医诊断样品采集、保存与运输技术规范》针对畜牧动物疫病的样品采集。在样品质量控制、采样与采样目的的相关性、风险识别与控制等方面，实验动物质量检测无法从现有标准中得到规范要求。鉴于此，制定本标准。

第四节　编制原则

本标准在制定中应遵循以下基本原则。

a）本标准编写格式应符合 GB/T 1.1—2020 的规定；

b）本标准规定的技术内容及要求应科学、合理，具有适用性和可操作性；

c）本标准的水平应达到国内领先水平。

第五节　内容解读

一、本标准的主要内容

a）明确抽样过程对动物质量评价中的风险因素；

b）对不同类型的检测项目，根据检测方法对样品采集时机、采集部位、样品类型、样品后处理等做出技术要求，并对风险识别与控制做出要求。

二、实验动物质量监测计划

首先应根据实验动物采样目的，制定采样程序。SPF 等级动物活体样品、附属样品及环境参数样品进行采集时，评估生物安全风险，制定相应的人员、设备、器具的消毒和防护工作，采样过程对于动物的干扰的同时做好对人员和周围环境的保护。

1. 异常实验动物的检查

当存在动物烈性传染病或人兽共患病病原污染风险时，如动物出现类似临床症状，应提高采样过程的生物安全防护水平，并单独建立相应的风险控制程序，包括不同设施防止交叉污染的措施等。

示例：对于实验动物设施动态环境参数的样品采集，不同微生物单元需要对采样器具进行消毒，必要时应保证有一定的时间间隔。

2. 抽样

应识别不同抽样程序对实验动物质量评价结果准确性的影响，并做出风险识别。对于动物种群大小、检测目标存在概率、随机抽样等对质量评价产生影响的水平，ILAR 公式给出了一个理想化的范例。实验动物饲养机构应根据动物自身遗传背景、既往病原检出史、近期病原流行水平、动物群体大小、实验动物使用目的等制定动物健康检测计划。涉及抽样时，应根据以上因素进行抽样与质量评价的风险评估。

完全按照 ILAR 进行理想化地抽样很多时候难以实现，可对抽样计划的风险进行评估，达到可接受水平的情况下确定抽样数量。如参考国家标准的抽样水平。

例如，结核分枝杆菌、B 病毒对于猴是每只必查，有的特殊实验，特定病原每个动物都要排查。但大群动物要根据流行情况、危害程度、既往检出史、设施防控水平等进行评估，决定采样比率和频率。

参考国家标准 GB 14922—2022《实验动物　微生物、寄生虫学等级及监测》的要求，需要时提高检测抽样比例。

第六节　分　析　报　告

本标准的提出，将对各类检测技术的开发过程中关于样品的质量控制提出要求，对于实验动物质量评价的准确性、科学性和安全性等具有支持作用。

第七节　国内外同类标准分析

目前实验动物质量检测样品的采集只有细菌学样品采集一个技术标准，面对多种检测技术和多种病原类型，以及复杂的样品类型，单一标准不能满足检测需求。国外没有对各类检测样品提出标准要求。

第八节　与法律法规、标准的关系

本标准的制定依据了现行的《实验动物管理条例》，参考了国家标准 GB 14922—2022《实验动物　微生物、寄生虫学等级及监测》及 GB/T 14926.42《实验动物　细菌学检测　标本采集》；NY/T 541《兽医诊断样品采集、保存与运输技术规范》；T/CALAS 77—2020《实验动物　哨兵动物的使用》等，可作为 GB 14922 动物质量检测样品采集方面的补充。

第九节　重大分歧意见的处理和依据

在 2021 年进行了标准立项申请，专家给出部分建议，根据专家意见进行了本标准的补充与完善。

无重大分歧意见。

第六章 T/CALAS 117—2022《实验动物 动物感染实验个人防护要求》实施指南

第一节 工 作 简 况

根据中国实验动物学会实验动物标准化专业委员会下达的团体标准制修订计划，由中国科学院武汉病毒研究所负责，武汉大学、华中农业大学、武汉生物制品研究所有限责任公司和湖北省疾病预防控制中心参与起草《实验动物 动物感染实验个人防护要求》团体标准。该标准由中国实验动物学会颁布实施并归口管理。

第二节 工 作 过 程

本标准由中国实验动物学会实验动物标准化专业委员会立项后，2020 年 9 月成立起草小组，主要起草人为中国科学院武汉病毒研究所的吴佳、安学芳、彭云、唐浩、赵赫和刘军。

2021 年 12 月，华中农业大学的陈西、武汉大学的代明、武汉生物制品研究所有限责任公司的卢佳和湖北省疾病预防控制中心的唐利军参与起草工作。

2022 年 3 月经中国实验动物学会实验动物标准化专业委员会内部审查，修改后于 2022 年 6 月形成公开征求意见稿。

2022 年 8～9 月中国实验动物学会公开征求意见。根据征求意见结果形成送审稿。

2022 年 12 月经全国实验动物标准化技术委员会审查通过，并根据委员会意见修改形成报批稿。

2023 年 2 月 1 日经中国实验动物学会第七届理事会常务理事会第十一次会议审议通过，批准发布。

第三节 编 写 背 景

2019 年 12 月，新型冠状病毒感染在中国武汉首先报道，随后该病毒在全球范围扩散传播，截至 2022 年 12 月，该病已导致全球超过 6.5 亿人感染和 660 余万人死亡。新型冠状病毒感染疫情的发生，凸显生物安全管理的重要性。《中华人民共和国生物安全法》于 2021 年 4 月 15 日实施，对病原微生物实验室的生物安全管理工作提出了更高的要求。从事感染性动物实验的工作人员所面临的生物安全风险更高，个人防护作为最后保护屏障至关重要。如果个人防护不到位，势必导致工作人员在实验过程中面临极大风险并可能造成人员感染，但个人防护过度，既无必要，又增加资源浪费并且存在降低工作效率和带来新风险的可能。因此，从事感染性动物实验的工作人员需要根据实际工作需要，在风险评估的基础上选择适当的个人防护装备并正确使用。

第四节 编 制 原 则

1. 本标准在制定中应遵循以下基本原则
a）本标准编写格式应符合 GB/T 1.1—2020 的规定。
b）本标准规定的技术内容及要求应科学、合理，具有适用性和可操作性。
c）本标准的水平应达到国内领先水平。
2. 本标准编写的依据

主要依据包括《中华人民共和国生物安全法》、国务院令〔2004〕第 424 号《病原微生物实验室生物安全管理条例》、GB 19489—2008《实验室 生物安全通用要求》、NY/T 1948—2010《兽医实验室生物安全要求通则》和 CNAS-CL05-A002：2020《实验室生物安全认可准则对关键防护设备评价的应用说明》等。

第五节 内 容 解 读

本文件由范围、规范性引用文件、术语和定义、动物感染实验个人防护要求和附录组成。

一、范围

动物感染实验需要使用各种病原微生物，这些病原微生物因其传染性和致病性的不同分为第一类、第二类、第三类和第四类病原微生物，其中第一类和第二类病原微生物是高致病性病原微生物。本文件规定了动物感染实验活动中所涉及的个人防护要求，适用于在不同等级的动物生物安全实验室内从事第一类至第四类病原微生物动物感染实验活动。

二、规范性引用文件

本标准主要参考 GB 19489—2008《实验室 生物安全通用要求》、RB/T 199—2015《实验室设备生物安全性能评价技术规范》和 CNAS-CL05-A002：2020《实验室生物安全认可准则对关键防护设备评价的应用说明》，以及国卫科教发〔2023〕24 号《人间传染的病原微生物目录》和中华人民共和国原农业部令第 53 号《动物病原微生物分类名录》，并对部分内容进行了引用。

三、术语和定义

本文件是针对从事感染性动物实验的人员提出了个人防护的要求，根据国家有关法律法规和标准对本文件中涉及的病原微生物、动物感染实验、动物生物安全实验室、个人防护装备和实验动物体型分类等术语进行了定义。

四、动物感染实验个人防护要求

1. 感染性动物实验设施要求

动物感染实验需要使用病原微生物对动物进行感染操作，感染后动物的毛发、粪便及其他分泌物可能带有病原微生物；在感染动物的饲养、临床观察、特殊检查，动物样本采集、处理和检测，动物解剖，动物排泄物、组织、器官、尸体等废弃物处理等操作时均有沾染病原微生物的风险。不同防护水平的动物生物安全实验室是降低此类风险必备条件，因此在开展动物感染实验时，首先应遵照国家颁布的《人间传染的病原微生物目录》和《动物病原微生物分类名录》，根据具体的实验活动选择相应防护等级的动物生物安全实验室。低等级动物生物安全实验室不得从事需要在高等级动物生物安全实验室进行的动物感染实验，这既是个人防护的需要，也是国家生物安全法规的要求。对于目前没有规定的，应经所在机构、国家卫生或兽医主管部门进行生物安全风险评估以确定所需生物安全防护等级。

2. 感染性动物实验人员资质要求

感染性动物实验操作风险极高，实验人员应经过严格培训获得相应的资质才能开展动物实验操作，并且感染危险可能性增加和感染后果可能严重的实验人员不应从事动物感染实验活动。

3. 感染性动物实验个人防护通用要求

在开展感染性动物实验时，为避免被病原微生物感染，许多防护理念和操作要求是相同的。本标准 4.1.5～4.1.10 是对动物实验人员生物安全良好工作行为的要求，包括不在实验室存放食品及饮食，使用生物安全柜小心操作，以尽量减少气溶胶的产生，使用锐器时应特别注意，以防发生自接种等事故。4.1.11～4.1.23 是对个人防护装备使用的要求。个人防护包括头面部、躯体和四肢防护，应根据动物实验内容选择合适的口罩、护目镜、面罩、呼吸器、听力保护器、头套、防护服、手套、鞋及鞋套等个人防护装备并正确穿戴，KN95 以上等级的口罩还需要做适合性测试。同时应注意，当个人防护装备在工作中发生污染和破损时，应及时更换。在脱卸个人防护装备时，应对手部进行消毒处理并防止污染转移。

同时，为降低发生意外事故后的风险，实验室及其所在机构应制定相应的应急预案，所有开展动物感染实验的相关工作人员应进行培训和演练，以便能够及时正确处置人员意外暴露和伤害事故。

4. 不同防护等级动物实验室的个人防护要求

动物生物安全实验室分四个防护等级，ABSL-1 防护水平最低，ABSL-4 防护水平最高。不同防护等级实验室的个人防护要求除上述通用要求外，还各有特点。本文件分别进行了描述。

在 ABSL-1 实验室内开展感染性动物实验，个人防护要求为基本要求。需要注意的是，我国对大小鼠、地鼠、豚鼠等小型啮齿类动物实验室的要求是屏障环境，要避免外界污染实验动物，个人防护除满足人员的生物安全要求外，还要满足屏障环境对人员的着装要求。在 ABSL-2 实验室内开展感染性动物实验，由于所操作的病原微生物可以对人体造成较大伤害，除满足 ABSL-1 实验室的个人防护要求外，还需要对人员进行健康监护，必要时对人员要进行免疫接种并留存本底血清。如存在吸入气溶胶的可能时应佩戴 KN95 口罩。在 ABSL-3 实验室内开展感染性动物实验，至少要有两名工作人员一起工作，必须穿二层工作服和戴二层手套，必要时，加穿一层一次性手术衣和佩戴具备防动物抓咬或锐器割伤功能的手套，离开实验室时应进行个人淋浴。在生物安全柜型 ABSL-4 实验室内开展感染动物实验，正常情况下整个操作过程中不与病原微生物直接接触，个人防护要求同 ABSL-3 实验室；正压防护服型 ABSL-4 实验室，因使用了正压防护服，其要求较为特殊，需要先对正压防护服进行化学淋浴消毒，然后再进行个人淋浴。

开展节肢动物实验时，个人防护要求应根据所操作的节肢动物种类和工作性质参照上述不同等级动物实验室个人防护要求选择合适的个人防护装备并掌握正确的使用方法，注意选用浅色的防护服和相应的其他个人防护装备。

五、附录

口罩是个人防护的关键装备，当佩戴 KN95 以上级医用防护口罩时，对口罩与口鼻和面部的密合性有严格要求，需要进行个体适合性试验，并要定期进行验证。附录 A 列出了 KN95 及以上等级医用防护口罩适合性和气密性试验方法供参考使用。

手套也是个人防护的常用装备，正确脱卸直接关系到个人防护的效果。附录 B 将橡胶手套脱卸和洗手等环节的要求作为规范性附录列出，供参考使用。

第六节　分　析　报　告

无。

第七节　国内外同类标准分析

国际上没有单独的动物感染实验个人防护要求的标准，但在世界卫生组织颁布的《实验室生物安全手册》（第四版）（*Laboratory Biosafety Manual, 4th Edition*）和美国《微生物和生物医学实验室生物安全》（第六版）（*Biosafety in Microbiological and Biomedical Laboratories, 6th Edition*）中对个人防护要求有较多阐述。本标准充分参考了这两个资料，标准水平不低于国外要求。

第八节　与法律法规、标准的关系

与现行法律、法规没有冲突。术语和定义引用国务院令〔2004〕第 424 号《病原微生物实验室生物安全管理条例》和 GB 19489—2008《实验室　生物安全通用要求》的相关规定，正文内容还参考了 NY/T 1948—2010《兽医实验室生物安全要求通则》、世界卫生组织《实验室生物安全手册》（第四版）和美国《微生物和生物医学实验室生物安全》（第六版）中对个人防护要求的内容编写，附录 A 口罩适合性定量试验参照 GB 19083—2010《医用防护口罩技术要求》。

第九节　重大分歧意见的处理和依据

无。

第七章 T/CALAS 118—2022《实验动物 SPF级豚鼠饲养管理规范》实施指南

第一节 工 作 简 况

根据中国实验动物学会实验动物标准化专业委员会 2021 年下达的《关于征集 2021 年实验动物标准化建议及标准立项的通知》,由广东省医学实验动物中心完成了《实验动物 SPF级豚鼠饲育管理技术规范》团体标准的起草工作,2021 年 11 月经中国实验动物学会实验动物标准化专业委员会讨论,通过中国实验动物学会团体标准立项。此外,为提高标准的适用性,根据标准化专业委员会的建议,特将题目修改为《实验动物 SPF级豚鼠饲养管理规范》。

本标准的编制工作按照 GB/T 1.1—2020《标准化工作导则 第 1 部分:标准化文件的结构和起草规则》和《中国实验动物学会团体标准编写规范》的要求进行编写,在编制过程中参考了实验动物国标、实验动物饲养管理相关书籍资料等,并根据编制单位 40 年实验动物饲养管理的实践经验、实验动物应用情况和征集到的意见进行修改,从而形成了一套覆盖面较为广泛的饲养管理规范。

第二节 工 作 过 程

在中国实验动物学会实验动物标准化专业委员会下达立项通知后,编制单位广东省医学实验动物中心组成标准起草团队,成员包括邝少松、王刚、谭巧燕、刘科、黄小红、黎雄才、饶子亮、严家荣、楼彩霞、赵伟健、郑佳琳、陈华财,主要成员都具有高级职称或博士学位,并在实验动物繁育领域从事多年的研究工作。在王刚主任/正高级兽医师的指导下,邝少松正高级兽医师作为负责人完成标准初稿的撰写,其他同志参加了标准的起草,并对标准的内容提出了修改意见。同时也邀请了 9 位广东省内的实验动物专家对标准进行讨论并征集意见。

2022 年 3 月经中国实验动物学会实验动物标准化专业委员会内部审查,经修改后于 2022 年 6 月形成公开征求意见稿。

2022 年 8~9 月中国实验动物学会公开征求意见。根据征求意见结果形成送审稿。

2022 年 12 月经全国实验动物标准化技术委员会审查通过,并根据委员会意见修改形成报批稿。

2023 年 2 月 1 日经中国实验动物学会第七届理事会常务理事会第十一次会议审议通过,批准发布。

第三节 编 写 背 景

豚鼠具有对多种病菌病毒极为敏感、体内不能合成维生素 C、血管反应敏感、听觉敏锐，以及血清中补体含量极高等特点，其越来越广泛地用于医学、药学、生物学等领域，在实验动物的使用量上占第 4 位。目前用于动物实验的豚鼠大多是由 Dunkin 和 Hartley 在 1926 年培育出的 DH 品系豚鼠，主要是 Hartley 豚鼠。实验豚鼠的遗传质量和微生物因素直接影响到实验结果的准确性和药品的质量，关系到人们的身体健康。在屏障设施内饲养繁殖 SPF 级实验豚鼠，能够有效控制病原微生物、寄生虫等干扰因素，提高实验豚鼠的质量和繁育水平。目前，国内大量的实验豚鼠生产水平还停留在普通级水平，实验动物质量得不到保证，影响到实验结果的可重复性、有效性和科学性；SPF 级实验动物是国际标准级别的实验动物，中国的科研成果、检定诊断结果、药品、生物制品等要走出国门，与世界共享，实验豚鼠的遗传质量标准、微生物等级标准等必定要向 SPF 级靠拢。2020 版《中华人民共和国药典》第三部提出对生物制品生产及检定的实验动物质量严于国标的质量要求，新冠疫苗的产品安全性检定需要大量的 SPF 级豚鼠，目前国内产业化生产繁育 SPF 级豚鼠的单位仅有 3~5 家，远远不能满足生物医药产品检定的要求，所以近年 SPF 级豚鼠供应严重紧缺，建立 SPF 级豚鼠饲养管理规范有利于给生产繁育单位提供标准的技术指引，提升 SPF 级豚鼠繁育产业化的进程，保证实验结果的可重复性、有效性和科学性，提高我国生物制品安全和公众用药安全，促进我国生物医药产品向国标接轨。

编制单位广东省医学实验动物中心是省级实验动物生产供应的专业机构，作为广东省小型啮齿类实验动物生产繁育的重要基地之一，中心每年向社会提供实验动物超过 100 万只，用户遍及国内高校、科研院所、医疗卫生机构、制药企业、商检（卫检、动植检）等行业部门，为国内生命科学研究领域及相关产业的迅速发展，起到了有力的支撑和保障作用。标准化是实验豚鼠所应具备的基本属性，也是在科学研究中应用所应具备的基本条件之一。中心同香港大学实验动物中心合作，于 2006 年 1 月从香港大学实验动物中心引进 SPF 级 Hartley 豚鼠，饲养于屏障系统内进行扩群繁殖，现在种群数量超过 1000 只，每年向社会供应超过 12 000 只，并承担了 2 项豚鼠相关的省级和厅级科研项目，编制了一套包括生物学特性测定、繁育与质量控制等操作规程，具备一定的研究基础，也积累了一些宝贵经验。2021 年本中心为药检和疫苗研发机构提供了超过 12 000 只 SPF 级豚鼠用于检测和研发，助力新冠疫苗完成了超过 10 亿剂次的产品检验，为抗击新冠做出了贡献。

第四节 编 制 原 则

本标准的制定主要遵循以下原则：一是本标准编写格式应符合 GB/T 1.1—2020 和《中国实验动物学会团体标准编写规范》；二是科学性原则，在尊重科学、亲身实践、调查研究的基础上，制定本标准；三是可操作性和实用性原则，所有鉴定指标和方法便于使用单位操作；四是适用性原则，所制定的技术规程应适用于豚鼠饲养体系；五是协调性原则，所制定的技术规程应符合我国现行有关法律、法规和相关的标准要求，并有利于 SPF 级豚鼠资源管理的规范化和科学化。

第五节　内　容　解　读

本标准由范围，规范性引用文件，术语和定义，人员，设施，引种，质量控制，饲养管理，繁育技术，运输，废水、废弃物及动物尸体处理，档案等部分构成。标准内容从草案到送审稿经起草团队多次讨论修改，并达成一致意见。现将《实验动物　SPF级豚鼠饲养管理规范》主要内容的编制说明如下。

1. 屏障环境定义

参照《实验动物　环境及设施》标准（GB 14925），屏障环境是符合动物繁育生产和饲养管理的要求，严格控制人员、物品和空气的进出，适用于饲育无特定病原体（specific pathogen free，SPF）级实验动物。

2. 人员

为保证SPF级豚鼠生产设施的正常运行，并获得合格的标准化实验动物，应配备经过培训的饲养技术人员、兽医。根据《中华人民共和国劳动法》和《中华人民共和国职业病防治法》相关规定，对从事有职业危害作业的劳动者应当定期进行健康检查。鉴于接触动物存在人兽共患病的风险，同时也为防止人将某些传染病传给动物，应该对工作人员定期进行体检。为不断提高工作人员积极性和工作能力，跟上行业发展趋势，还应定期开展培训。

3. 设施

设施的选址、场区布局和建筑要求都应符合相应法律、法规和标准的要求，实验动物饲养环境应符合相应的标准（GB 14925）要求，相对一致的、合理的环境指标对生产出标准化的实验动物及保证实验动物质量来说至关重要，有利于提高SPF级豚鼠的标准化水平。屏障设施的运行和维持需要实行专人管理，制定人流、物流、动物进出操作规程，并严格执行。

4. 引种

SPF级豚鼠种子应来源于国家实验动物种子中心或国家认可的种源单位，遗传背景清楚，质量符合现行的国家标准。

5. 质量控制

为避免因动物健康问题对实验和科学研究造成影响，实验动物应符合相应的病原微生物标准，因此，需定期对其进行健康检查。根据实验动物微生物和寄生虫有关标准（GB 14922），列出了病原微生物与寄生虫检测项目及检测方法，繁育生产机构应每年定期对实验动物进行自检，每三个月至少检测一次，并建立有效的质量控制体系。动物实验机构也应建立有效的质量控制体系。增加了实验动物健康监测的内容，以指导实验动物机构对实验动物定期进行健康监测。

6. 饲养管理

对日常饲养管理的关键点饲料、垫料、饮水、笼具、环境清洁都列出了技术要点，确保SPF级豚鼠符合实验动物的质量标准。加强日常饲养管理是饲养中的关键要点，标准根据豚鼠的生活习性在饲养过程中对豚鼠的喂料、饮水、环境清洁等的频次都做了详细的说明，对饲养技术人员有很好的指导意义。此外，结合SPF豚鼠特性及动物福利伦理要求，增加饲养和繁育管理规范相关内容。

7. 繁育技术

对 SPF 级豚鼠的选种、配种、繁殖、哺乳和离乳、育成和待发的技术要点作了阐述，根据实验动物遗传质量控制的相关要求（GB 14923），封闭群一般采用避免近交的方式繁殖；豚鼠的繁殖率相对较低，繁殖周期比其他啮齿类实验动物长，通过严格的选种以提高豚鼠的生产性能。

8. 运输

运输笼具和运输工具是 SPF 级豚鼠运输过程中的质量控制要点之一，以确保 SPF 级豚鼠到达动物实验场所也符合实验动物的质量标准。

9. 废水、废弃物及尸体处理

应按照有关规范要求，污水经处理后应达到 GB 8978 排放要求；废气应设置废气处理系统，去除臭味异味后达到 GB 14554—1993 标准排放。处死动物采取安乐死方式；动物尸体委托有相关资质的机构进行无害化处理，如尸体需要暂存应采取冷冻措施。如自行无害化处理，应符合相关部门规定要求。其排放物应符合 GB/T 18773 要求。

10. 档案

为保证 SPF 级豚鼠的标准化生产和生产过程的可追溯性，需要对人员进出、清洁消毒、配种、繁殖、出栏等整个生产过程信息进行记录，并及时将资料整理归档。该项工作对 SPF 级豚鼠标准化非常重要。

第六节 分 析 报 告

本标准为 SPF 级豚鼠饲养管理规范，可用于指导 SPF 级豚鼠的繁育生产和饲养管理，由于不涉及试验或验证过程，因此无需提供验证报告。本标准推广应用后，有望提高 SPF 级豚鼠的生产繁育过程的标准化水平。

第七节 国内外同类标准分析

目前没有相应的国际标准。

第八节 与法律法规、标准的关系

本标准的编制依据为现行的法律、法规和国家标准，与这些文件中的规定相一致。目前实验动物国标中没有 SPF 级豚鼠饲养管理规范。

第九节 重大分歧意见的处理和依据

本标准起草过程未出现重大分歧意见。

第八章　T/CALAS 119—2022《实验动物　SPF 级兔饲养管理规范》实施指南

第一节　工 作 简 况

根据中国实验动物学会实验动物标准化专业委员会 2021 年下达的《关于征集 2021 年实验动物标准化建议及标准立项的通知》，广东省医学实验动物中心完成了《实验动物 SPF 兔饲育管理技术规程》团体标准的起草工作，2021 年 11 月经中国实验动物学会实验动物标准化专业委员会讨论，通过中国实验动物学会团体标准立项。此外，为提高标准的适用性，根据标准化专业委员会、专家及起草团队的建议，特将题目修改为《实验动物　SPF 级兔饲养管理规范》。

本标准的编制工作按照中华人民共和国国家标准 GB/T 1.1—2020《标准化工作导则　第 1 部分：标准化文件的结构和起草规则》和《中国实验动物学会团体标准编写规范》的要求进行编写，在编制过程中参考了实验动物国标、实验动物饲养管理相关书籍资料等，并根据 SPF 级兔的应用情况和征集到的意见进行修改，形成了一套覆盖面较为广泛的 SPF 级兔饲养管理规范。

第二节　工 作 过 程

在中国实验动物学会实验动物标准化专业委员会下达立项通知后，编制单位广东省医学实验动物中心组成标准起草团队，成员包括刘科、王刚、黄小红、邝少松、黎雄才、谭巧燕、饶子亮、严家荣、楼彩霞、赵伟健、郑佳琳、张富发、陈华财，主要成员都具有高级职称或博士学位，并在 SPF 级兔领域从事多年的研究工作。在王刚主任/正高级兽医师的指导下，刘科高级畜牧师作为负责人完成标准初稿的撰写，其他同志参加了标准的起草，并对标准的内容提出了修改意见。

2022 年 3 月经中国实验动物学会实验动物标准化专业委员会内部审查，经修改后于 2022 年 6 月形成公开征求意见稿。

2022 年 8～9 月中国实验动物学会公开征求意见。根据征求意见结果形成送审稿。

2022 年 12 月经全国实验动物标准化技术委员会审查通过，并根据委员会意见修改形成报批稿。

2023 年 2 月 1 日经中国实验动物学会第七届理事会常务理事会第十一次会议审议通过，批准发布。

第三节　编　写　背　景

兔是最常用的实验动物之一，是生物医药理想的动物模型，已广泛应用于生命科学研究领域的各个方面。实验兔的遗传质量和微生物因素直接影响到实验结果的准确性和药品的质量，关系到人们的身体健康。目前，国内大量的实验兔的生产水平还停留在普通级水平，实验动物质量得不到保证，影响到实验结果的可重复性、有效性和科学性。SPF 级动物，是对其饲养环境及携带病原体严格控制的一种动物级别，是国际标准级别的实验动物。中国的科研成果、检定诊断结果、药品、生物制品等要走出国门，与世界共享，实验兔的遗传质量、微生物等级等标准必定要向 SPF 级靠拢。利用 SPF 级兔进行医学生物学实验已成为趋势，疫苗产品制备和产品安全性检定等需要高质量的 SPF 级兔。目前，缺乏 SPF 级兔饲养管理标准化规范。

SPF 级兔饲养管理标准化，有利于提升 SPF 级兔繁育产业化的进程，也是科学研究中应用所应具备的基本条件之一。建立"SPF 级兔饲养管理规范"，可以保障 SPF 级兔在保种、生产、研究和利用中的标准化水平，有利于 SPF 级兔资源管理的规范化和科学化。

编制单位广东省医学实验动物中心是省级实验动物生产供应的专业机构，作为广东省小型啮齿类实验动物生产繁育的重要基地之一，中心每年向社会提供实验动物超过 100 万只，用户遍及国内高校、科研院所、医疗卫生机构、制药企业、商检（卫检、动植检）等行业部门，为国内生命科学研究领域及相关产业的迅速发展，起到了有力的支撑和保障作用。广东省医学实验动物中心 2006 年从香港大学实验动物中心和国家啮齿类实验动物种子中心上海分中心引进 SPF 级兔资源，建立了 SPF 级兔生产和繁育群体，建立实验兔二级供种站，编制了一套包括生产繁育、生物学特性测定、遗传质量控制等技术规程，并在 SPF 级兔种质资源基地应用。承担了"SPF 级新西兰白兔繁育与生产的研究"和"SPF 级近交系新西兰兔的培育及研究"省级科研项目，并开展了实验动物标准化研究工作。在资源保存、实验动物标准化、比较医学研究等方面取得一定进展和成绩，积累了丰富的基础数据资料，为本标准的制定提供了经验并奠定了坚实的基础。

第四节　编　制　原　则

本标准的制定主要遵循以下原则：

a）本标准编写格式应符合 GB/T 1.1—2020 的规定和《中国实验动物学会团体标准编写规范》。

b）本标准规定的技术内容及要求应科学、合理、安全可靠，具有适用性和可操作性。

c）本标准制定的管理规范应符合我国现行有关法律、法规和实验动物行业发展方向，并有利于 SPF 级兔资源管理的规范化和科学化。

第五节　内 容 解 读

本标准由范围，规范性引用文件，术语和定义，人员，设施，引种，质量控制，饲养管理，繁育技术，运输，废水、废弃物及尸体处理，档案等部分构成。标准内容从草案到送审稿经起草团队多次讨论修改，并达成一致意见。现将《实验动物　SPF 级兔饲养管理规范》主要内容解读如下。

1. 术语和定义

屏障环境定义

参照 GB 14925《实验动物　环境及设施》和 GB 14922《实验动物　微生物、寄生虫学等级及监测》。屏障环境定义为符合实验动物繁育生产和饲养管理的要求，严格控制人员、物品和空气的进出，适用于饲育无特定病原体（specific pathogen free，SPF）级实验动物。

2. 人员

为保证 SPF 级兔生产设施的正常运行，并生产出合格的标准化实验动物，应配备经过培训的饲养技术人员和实验动物医师。根据《中华人民共和国劳动法》和《中华人民共和国职业病防治法》相关规定，对从事有职业危害作业的劳动者应当定期进行健康检查。鉴于接触动物存在人兽共患病的风险，同时也为防止人将某些传染病传给动物，应该对工作人员定期进行体检。为不断提高工作人员积极性和工作能力，跟上行业发展趋势，还应定期开展培训。

3. 设施

设施的选址、设计和建造应符合国家和地方的环境保护、建设主管部门的规定和要求，并按照 GB 14925 和 GB 50447 中相关规定执行，设施应定期检修和维护。SPF 级兔饲养环境应符合 GB 14925 要求，环境指标也应定期监测。相对一致、合理的环境指标，对生产出标准化的实验动物及保证实验动物质量来说至关重要，有利于提高 SPF 级兔标准化水平。

4. 引种

为保证实验动物种源质量，SPF 级种兔应来源于国家实验动物种子中心或国家认可的保种单位、种源单位，遗传背景清楚，质量符合现行的国家标准。

5. 质量控制

为提供合格实验动物，避免因动物健康问题对实验和科学研究造成影响，应建立有效的质量控制体系。实验动物应符合相应的病原微生物标准，定期检测，应制定健康监测计划，根据实验动物微生物和寄生虫有关标准（GB 14922、GB/T 18448 和 GB/T 14926），繁育生产机构每三个月对实验动物至少进行一次检测，应定期监测饲料、饮水、垫料及用品的微生物指标，动物实验机构也应建立有效的质量控制体系。

6. 饲养管理

（1）饲料

为满足 SPF 级兔营养需求，饲料应为全价配合饲料，符合实验动物饲料相关标准。应根据 SPF 级兔不同生长及繁殖阶段，选择或配制对应生长阶段的饲料，饲料经过灭菌，确保达到无菌。为保证饲料质量，饲料储存间要控制好环境，存放不超过保质期，使用过程

中国实验动物学会团体标准汇编及实施指南（第七卷）

中遵循"先进先用"的原则。

（2）饮水

保证实验动物充足的饮水，确保动物不因饮水不足造成不良影响。要控制微生物污染情况，确保动物饮水达到无菌。

（3）笼具

笼具要结实、耐用、容易清洁，笼具的材质、工艺及规格应符合动物健康和福利要求，符合 GB 14925《实验动物　环境及设施》的规定。

（4）日常管理

日常管理对 SPF 级兔质量控制至关重要，为做好日常管理，包括人员、物品、设施、环境的合理控制，需建立一套 SPF 级兔饲养管理相关的操作规程，并严格执行。兔喜爱安静、胆小怕惊，饲养环境要保持安静，人员操作应考虑动物福利，减少人为操作对实验动物的影响。饲养室要保持清洁卫生，根据 SPF 级兔特性及动物福利伦理要求，做好各项日常管理工作。

7. 繁育技术

（1）选种

根据实验动物质量要求，所选个体必须来源明确，遗传背景清楚，有完整的繁育资料。根据遗传学的要求，其外貌也应符合品种资源特征。种兔亲代应体格健壮，具有较高的生殖能力，无先天性缺陷，选留种兔应体格健壮、生长发育良好。

（2）配种

兔的性成熟因品种而异，体成熟时间比性成熟时间晚，为减少母兔难产和死胎，在生产中一般达到体成熟后才进行配种繁殖。为确保配种效果，配种时母兔放入公兔笼进行交配。母兔胚胎大，配种后 8～12 天可采用人工摸胎法来判断雌兔是否受孕，若未孕，则再次配种。

（3）繁殖

家兔分娩时间多集中于夜间和凌晨，生产前应在兔笼放置消毒产箱，分娩时要保持室内安静，保持兔笼内光线稍暗，母兔分娩时失水较多，分娩时需备足饮水。

（4）哺乳和离乳

为保障仔兔哺乳，雌兔分娩后，应检查全部新生仔兔，及时剔除死亡、残疾或过于瘦弱的幼仔，为保证仔兔良好的生长，哺乳仔兔每窝留 6～8 只为宜。哺乳期间，为保证仔兔吃奶和不影响母兔，母兔与仔兔分隔饲养，每天 1 次将母兔放入产箱中哺乳；哺乳完成后，应检查仔兔的吃奶情况，若仔兔弱小，适当延长离乳日期。

（5）育成和出场

为减少仔兔应激，离乳仔兔保持原笼和环境，离乳后雌雄分开饲养。为防止兔打架和维持合适的空间，体重达 2.0 kg 单笼饲养。为保证出栏提供动物质量合格，动物出场前要认真检查动物健康状况。

8. 运输

为减少兔因运输造成的应激，保证兔的质量，运输笼具和运输工具是 SPF 级兔运输过程的质量控制要点之一，应符合国标 GB 14925 要求。

9. 废水、废弃物及尸体处理

废水、废弃物及尸体处理应按照有关规范要求，做到无害化处理。

10. 档案

为保证 SPF 兔的标准化生产和生产过程的可追溯性，需要对人员进出、设施管理、消毒、留种、配种、饲养和出场等整个生产过程信息进行记录，并及时将资料整理归档。该项工作对 SPF 级兔实验动物标准化非常重要。

第六节　分 析 报 告

本标准为 SPF 级兔饲养管理规范，可用于指导实验用 SPF 级兔的饲养管理，由于不涉及试验或验证过程，因此无需提供验证报告。本标准推广应用后，有望提高实验用 SPF 级兔饲养管理过程的标准化水平。

第七节　国内外同类标准分析

目前没有相应的国际标准。

第八节　与法律法规、标准的关系

本标准的编制依据为现行的法律、法规和国家标准，与这些文件中的规定相一致。目前实验动物国标中没有 SPF 级兔饲养管理规范。

第九节　重大分歧意见的处理和依据

本标准起草未出现重大分歧意见。

第九章 T/CALAS 120—2022《实验动物 无菌小鼠饲养管理指南》实施指南

第一节 工 作 简 况

根据中国实验动物学会实验动物标准化专业委员会下达的 2021 年团体标准制（修）订计划，由中山大学附属第一医院、中国医学科学院医学实验动物研究所、赛业（苏州）生物科技有限公司、江苏集萃药康生物科技股份有限公司、广东省实验动物监测所负责起草《实验动物 无菌小鼠饲养管理指南》。该标准由中国实验动物学会颁布实施并归口管理。

第二节 工 作 过 程

自 2021 年 11 月，由中国实验动物学会下达标准修订计划的通知，《实验动物 无菌小鼠饲养管理指南》获得立项批准。由中山大学附属第一医院牵头，联合中国医学科学院医学实验动物研究所、江苏集萃药康生物科技股份有限公司、赛业（苏州）生物科技有限公司、广东省实验动物监测所等单位的专家成立了起草工作组，启动编制工作，开始收集大量的国内外相关标准及文献、资料调研工作。

2021 年 11 月，起草工作组召开了会议，讨论并确认了标准编制大纲、任务分工及工作计划。

2021 年 12 月，工作组对编制内容进行深入交流和讨论，并提出了修订意见。2022 年 1 月，工作组完成编制内容修订。

2022 年 3 月经中国实验动物学会实验动物标准化专业委员会内部审查，经修改后于 2022 年 6 月形成公开征求意见稿。

2022 年 8～9 月中国实验动物学会公开征求意见。根据征求意见结果形成送审稿。

2022 年 12 月经全国实验动物标准化技术委员会审查通过，并根据委员会意见修改形成报批稿。

2023 年 2 月 1 日经中国实验动物学会第七届理事会常务理事会第十一次会议审议通过，批准发布。

标准主要起草人包括魏泓、商海涛、苏磊、朱华、赵静、郝同杨、欧阳应斌、张征、张钰、赵维波、董菊芹。其中魏泓教授为本标准编写提供了思路和提纲，并全面统筹标准编写工作，商海涛博士承担标准具体编制、汇总和内容修订工作，其他人员分别从无菌小鼠饲养管理的理论和技术方面提供和编写相关材料，全体起草人对标准内容进行审核及修订把关，以保证标准的科学性、规范性和适用性。

第三节　编写背景

微生物组被科技部列为重大颠覆性技术，并正在成为万亿级战略新兴产业。中共科学技术部党组〔2017〕1号文件指出，发展重大颠覆性技术，着眼国家未来发展的战略需求，在微生物组、人工智能、深地等领域，创新组织模式和管理机制，部署若干重大项目，加强原创性科学基础研究，积极推动技术突破。

在人体微生物组方面，近年来的研究颠覆了人们对许多疾病的认知，人类健康和疾病的发生发展过程中，微生物扮演着极其重要的角色，尤其是"肠道微生物"，占人体总微生物的80%，被称为"人类第二基因组"。现在已经证实肿瘤、心血管、代谢、消化、精神等多种疾病均与肠道菌群变化密切相关。无菌动物由于其绝对无菌没有任何干扰的背景而成为人体微生物组研究的核心工具和必不可少的模式动物。微生物组正在成为生命科学研究热点，无菌动物作为微生物组研究重要支撑工具其应用日益广泛。无菌动物因其微生物背景清晰，可以在没有其他已知微生物的干扰下，研究单菌/多菌/菌群对相关疾病或者机体生理功能的影响，现已成为研究肠道菌群的生理病理功能的最佳动物模型。

但无菌小鼠的饲养管理要求复杂严格，技术要求高、需要严格隔离环境及设备、成本高、污染率高、成功率低，生产和实验的各个环节均需要进行严格的无菌控制和验证，与SPF小鼠相比差异极大，成为实验动物行业内最困难的领域之一。目前，国内外不同机构在无菌小鼠的科研应用中形成了基本成熟的饲养管理技术体系，国内的无菌小鼠规模化生产和使用开始起步并积累了一定的饲养管理经验。但是，由于无菌小鼠饲养管理的复杂性和严格性，大多数单位要建立无菌小鼠生产实验体系仍具有极大的困难；另外，国家标准中虽然对无菌动物的环境、微生物等控制进行了相关定义，但缺乏实际的操作指导文件和质量控制标准。上述问题限制了合格无菌小鼠的培育、生产和应用，对无菌小鼠在生命科学和生物医学中的推广应用，对促进和提升我国微生物组前沿领域研究形成了极大障碍和限制。

因此，本标准结合国内外无菌动物技术进展，及国内机构的无菌小鼠饲养管理实践，从无菌小鼠的遗传质量控制、微生物学和寄生虫学监测、环境及设施、配合饲料、制备方法、饲养管理等方面编写相关指南，为国内机构从事无菌小鼠生产和使用的机构提供指导和参考。本标准将助力国内人体微生物组研究，提升国内的生物技术与医药产业自主创新能力和市场竞争力。

第四节　编制原则

本标准的编写按照GB/T 1.1—2020《标准化工作导则　第1部分：标准化文件的结构和起草规则》的规定，遵循科学性、适用性、经济性和可操作性原则。

第五节　内 容 解 读

本标准主要内容包括无菌小鼠的遗传质量控制、微生物学和寄生虫学监测、环境及设施、配合饲料、制备方法、饲养管理等方面，主要依据起草单位无菌小鼠制备、生产、繁育、研究、质量监测经验，并结合国内外相关文献和技术资料。

在无菌小鼠的微生物学监测方面，目前大多数无菌动物设施采用粪便涂片和革兰氏染色、细菌培养、PCR 检测 16S 细菌 rDNA、特异性微生物检测等方法联合检测。首先无菌小鼠必须定期监测细菌和真菌污染物，监测频率因设施而异，但通常每周或每月或当隔离器物资进出时进行检测。无菌小鼠特异性微生物不需要频繁监测，但也需要根据不同设施的污染情况进行不同周期的定期监测，特别是在通过无菌子宫切除或胚胎移植更换种群的时候，特异性微生物污染或垂直传播的微生物污染风险会加大。本标准中，除参照 GB 14922 无特定病原体动物应排除的所有微生物和寄生虫外，必要时可参考欧洲实验动物科学协会联合会（FELASA）、美国 Charles River 公司、美国 Jackson 实验室、美国 Taconic 公司等对小鼠的微生物排除标准，应检尽检，作为无菌小鼠除无菌监测之外的特异性微生物参考监测指标。

第六节　分 析 报 告

本标准的制定参考了国内外的无菌动物相关文献和技术资料，以及起草单位无菌小鼠的饲养管理实践、关键技术和取得的实验数据，为国内机构从事无菌小鼠生产和使用提供指导和参考。本标准将助力国内人体微生物组研究，提升国内的生物技术和医药产业自主创新能力和市场竞争力。

第七节　国内外同类标准分析

目前国内外尚无针对无菌小鼠饲养管理的相关标准，本标准收集、整理了国内外文献及技术资料，并结合各单位的实际工作经验而制定，是第一个针对无菌小鼠饲养管理的团体标准。

第八节　与法律法规、标准的关系

本标准的编制参考了目前实验动物相关标准的规定，与实验动物有关的现行法律、法规和强制性标准等没有冲突，本标准是我国实验动物标准体系的重要补充。

第九节　重大分歧意见的处理和依据

无。

第十章 T/CALAS 121—2022《实验动物 SPF 级小型猪培育技术规程》实施指南

第一节 工 作 简 况

根据中国实验动物学会实验动物标准化专业委员会 2021 年下达的《关于征集 2021 年实验动物标准化建议及标准立项的通知》，广东省实验动物监测所组织完成了《实验动物 SPF 级小型猪培育技术规程》团体标准的起草工作，2021 年 11 月经中国实验动物学会实验动物标准化专业委员会讨论，通过中国实验动物学会团体标准立项。

本标准的编制工作按照中华人民共和国国家标准 GB/T 1.1—2020《标准化工作导则 第 1 部分：标准化文件的结构和起草规则》和《中国实验动物学会团体标准编写规范》的要求进行编写，在编制过程中参考了实验动物国标、团体标准等，总结前期在小型猪生物净化上的工作进展，形成 SPF 级小型猪培育技术规程。

2022 年 3 月经中国实验动物学会实验动物标准化专业委员会内部审查，经修改后于 2022 年 6 月形成公开征求意见稿。

2022 年 8～9 月中国实验动物学会公开征求意见，根据征求意见结果形成送审稿。

2022 年 12 月经全国实验动物标准化技术委员会审查通过，并根据委员会意见修改形成报批稿。

2023 年 2 月 1 日经中国实验动物学会第七届理事会常务理事会第十一次会议审议通过，批准发布。

第二节 工 作 过 程

在中国实验动物学会实验动物标准化专业委员会下达立项通知后，广东省实验动物监测所组成标准起草团队，成员包括潘金春、王希龙、闵凡贵、袁晓龙、龚宝勇，主要成员都具有高级职称或博士学位，并在小型猪领域从事多年的研究工作。潘金春研究员作为负责人完成标准初稿的撰写，王希龙研究员对标准内容进行了指导，其他同志参加了标准的起草，并对标准的内容提出了修改意见。

第三节 编 写 背 景

小型猪在解剖学、生理学、疾病发生机理等方面与人极其相似，因生长缓慢、体型小、相对生产成本较低、便于实验操作管理和无伦理等问题，在生物医药研究方面具有天然优势，而使其广泛应用于生命科学研究领域的各个方面。由于 SPF 动物能确保特定的病原不对实验产生干扰，其在生物医学研究中的应用越来越广泛。随着我国生物医药产业的发展，对标准化小型猪尤其是 SPF 小型猪的需求也会越来越迫切。

目前我国在 SPF 猪的病原监测、饲养管理等方面已经制定了一些国家标准、地方标准或团体标准，其中 T/CALAS 35—2017《实验动物　SPF 猪饲养管理指南》侧重对 SPF 猪的基本条件、环境设施、引种、运输、饲养管理等内容进行规定，对 SPF 猪的饲养管理工作有重要指导作用，但未涉及 SPF 猪的培育过程中质量控制、剖腹产过程、病原监测、生物学特性指标检测等重要技术内容。总体来说，当前缺乏 SPF 猪的培育技术规范，研究人员在开展 SPF 小型猪的培育过程中缺乏技术指导，限制了高品质 SPF 小型猪的获得，不利于小型猪资源的实验动物标准化和利用。

承担单位分别于 2008 年和 2012 年获得 1 项广东省科技计划项目立项，用于建立小型猪生物净化技术平台和 SPF 小型猪种群繁育，对 8 头怀孕母猪实施了剖腹产手术，共获得 61 头仔猪，其中存活仔猪 55 头，断奶存活仔猪 49 头，并在此基础上完善了质量控制、剖腹产、仔猪管理、病原监测等 SPF 小型猪的培育技术，同时建立了五指山小型猪 SPF 种群和繁育体系，为本标准的制定提供了经验并奠定了坚实的基础。

第四节　编　制　原　则

本标准的制定主要遵循以下原则：一是本标准编写格式应符合 GB/T 1.1—2020《标准化工作导则　第 1 部分：标准化文件的结构和起草规则》和《中国实验动物学会团体标准编写规范》；二是科学性原则，在尊重科学、亲身实践、调查研究的基础上，制定本标准；三是可操作性和实用性原则，所有指标和方法便于使用单位操作；四是适用性原则，所制定的技术规程应适用于我国主要的小型猪品系；五是协调性原则，所制定的技术规程应符合我国现行有关法律、法规和相关的标准要求。

第五节　内　容　解　读

本标准由范围、规范性引用文件、术语和定义、质量控制、配种、剖腹产、仔猪管理、饲养管理、病原监测、生物学特性指标检测、废弃物处理、记录、应用等部分构成，标准内容经起草团队多次讨论修改，并达成一致意见。现将《实验动物　SPF 级小型猪培育技术规程》主要内容的编制说明如下。

1. 定义

（1）实验用小型猪

参照实验动物的一般定义（GB 14925），实验用小型猪是经人工饲育，对其携带的病原微生物和寄生虫等实行质量控制，遗传背景明确或者来源清楚，用于科学研究、教学、生产和检定，以及其他科学实验的小型猪。

（2）无特定病原体小型猪

参照 GB 14922《实验动物 微生物、寄生虫学等级及监测》有关无特定病原体动物的定义，将无特定病原体小型猪定义为不携带所规定的人兽共患病病原、动物烈性传染病病原、对动物危害大及对科学研究干扰大的病原、主要潜在感染或条件致病和对科学实验干扰大的病原的实验用小型猪。简称无特定病原体小型猪或 SPF 小型猪。

2. 质量控制

（1）种猪筛选

良好的种猪背景是保障 SPF 小型猪构建成功的关键，遗传背景清楚、资料完整、遗传性状符合品系特征，才能保障后续获得的 SPF 小型猪的遗传质量；处于适配年龄可以保证种猪的繁殖性能；另外，为了降低种猪将病原传染给仔猪的风险，提高 SPF 小型猪培育成功率，应对种猪进行病原检测，尽量排除可以垂直遗传的病原。

（2）环境

实验动物饲养环境应符合相应的标准（GB 14925）要求，相对一致的、合理的环境指标，对生产出标准化的实验动物及保证实验动物质量来说至关重要。

（3）各种材料

培育 SPF 小型猪的过程中涉及运输、手术、饲喂等多个环节，需要使用饲料、饮水、人工乳、器械等各种材料，为防止材料将微生物传播给动物，应采取合适的灭菌消毒措施，包括但不限于辐照、高压、熏蒸、消毒水浸泡、过滤等多种方法，并且为保证充分的灭菌消毒效果，还应对效果进行验证。

（4）母猪消毒

为减少母猪将微生物传染给仔猪的风险，实施剖腹产前应做好消毒工作，包括对运输车辆、待产猪舍、猪体进行充分消毒，常用的消毒剂为 1%过氧乙酸等。

温度对 1%过氧乙酸的稳定性有重要影响，根据王美红（2007）报道，在 2℃～5℃条件下，贮存 6 d 浓度可保持在 0.9115%；18℃～22℃条件下，贮存 72 h，浓度可保持在 0.9211%，144 h 后浓度变为 0.211%；在 32℃～34℃条件下，贮存 24 h，浓度就下降到 0.9019%，144 h 后，浓度几乎为零。因此，1%过氧乙酸一般现配现用，如需保存应置于冰箱冷藏（2℃～5℃），并且保存时间不超过 6 d。

3. 配种

为提高仔猪成活率，应使剖腹产时间尽量接近自然顺产时间，这就需要掌握比较精准的妊娠日期，因此平时需将筛选出的种公猪和种母猪分开饲养，发情时再进行交配，并记录好配种时间，以便准确计算怀孕日期。

4. 剖腹产

（1）母猪准备

为做好剖腹产准备，应在预产期前 2 周左右将母猪移入待产猪舍，做好消毒工作，减少剖腹产时污染的可能性。同时，增加投喂全价妊娠母猪料，保证仔猪营养供应和活力。母猪正常孕期为 114 d 左右，注意观察母猪，当出现乳房膨大、阴户红肿、尾巴上翘等产前征兆时即可进行手术，一般在孕期 111 d 左右。

（2）麻醉

起草单位开展的预试验结果显示，单纯使用注射麻醉维持整个剖腹产过程，需要给予母猪较大剂量的麻醉药，从而对仔猪产生较大影响，会导致剖腹产后的仔猪难以复苏。为减少麻醉药对仔猪的影响，可使用基础麻醉结合气体麻醉的方式，先采用少量氯胺酮、丙泊酚等麻醉药使母猪镇静，再进行气管插管上呼吸机，使用异氟烷等气体麻醉剂维持麻醉状态。该方法可降低麻醉药对仔猪的不良影响，并大幅度提高仔猪复苏率。

（3）手术

按常规步骤实施剖腹和子宫切除，特别要注意的是，输卵管、子宫颈结扎后，要迅速完成子宫切除并传入隔离器，此过程应控制在 30 s 内。子宫一旦结扎，仔猪就没有血液供应从而面临缺氧，因此相关操作一定要迅速。另外，为符合实验动物福利伦理的有关要求，母猪应按 GB/T 39760 执行安乐死。

（4）复苏

为提高仔猪复苏成功率，剖开子宫后迅速用吸引球吸出口腔、鼻腔的黏液，防止黏液阻碍仔猪呼吸。从子宫结扎到取出仔猪的过程应该迅速，根据前期研究结果，该过程控制在 5 min 内不会对仔猪复苏率造成明显的不利影响。待仔猪有自主呼吸后再用干纱布擦拭口鼻及全身，并进行断脐、打耳号、称重、断齿等常规处理，其中断齿有利于预防人工哺乳过程中仔猪咬坏奶嘴。

5. 仔猪管理

（1）隔离器内

新生仔猪对温度非常敏感，需要保证较高温度，防止仔猪生病。随着日龄的增加，仔猪抵抗力增长，温度可以逐步降低。一般初始温度可设置为 34℃～35℃，以后每周降低 2℃，到 24℃～26℃为止。

新生仔猪可能不会自行通过奶瓶喝奶，一般前 4 d 需要人工辅助饲喂，并进行训练，4 d 后仔猪多数可学会自行喝奶。为引导仔猪开食，1 周后在料盘中加入少量乳猪全价颗粒料诱导仔猪采食。

因仔猪在几乎完全无菌的环境中生长，其肠道菌群发育不完善，比较容易出现腹泻症状，可为其口服接种益生菌，辅助建立正常肠道菌群。另因新生仔猪体内铁贮较少，为防止仔猪贫血和发育不良，可在剖腹产后第 3 日和第 15～21 日分别补充 1 次右旋糖酐铁。

（2）屏障设施内

仔猪在 40～45 日龄断奶，此时仔猪体型较大，不适合继续在隔离器中饲养，需要通过 SPF 运输箱转移到屏障环境中。

6. 饲养管理

屏障设施内的饲养管理参照 T/CALAS 35—2017 标准实施。

7. 病原监测

为确保所饲养的小型猪维持 SPF 状态，应定期对小型猪进行病原监测，鉴于目前实验用小型猪缺乏寄生虫和微生物学国家标准，可参照 GB/T 22914《SPF 猪病原的控制与监测》。检测发现不合格的动物应及时淘汰，防止感染扩散。

8. 生物学特性指标检测

生物学特性指标是实验动物应用的基础，应当定期对SPF小型猪的生长性能、生理、生化等指标进行检测及统计分析，从而为相关研究提供基础数据。

9. 废弃物处理

废弃物处理应按照有关规范要求，做到无害化处理。

10. 记录

为保证SPF小型猪的培育和标准化生产的可追溯性，应准确及时记录人员进出、消毒、配种、剖腹产、检测等整个生产过程信息，原始记录和统计分析资料应系统、完整，并及时将资料整理归档。该项工作对SPF小型猪标准化非常重要。

11. 应用

（1）应用范围

SPF小型猪已经排除对动物有较大影响的常见病原，背景比较干净，因已排除特定病原的感染，非常适合于开展特定病原的研究，也可以用于制备病原相关的特定抗体等生物制品，并且对其他研究工作的影响控制到最小。

（2）应用要点

SPF小型猪应用的关键点是保持其SPF状态，若被其他病原感染，可能会对相关研究工作造成较大影响。因此需要对饲养环境、运输、饲养管理等条件进行控制。

第六节　分析报告

本标准为SPF小型猪培育技术规程，可用于指导SPF小型猪的培育和生产，由于不涉及试验或验证过程，因此无需提供验证报告。本标准推广应用后，有望用以指导SPF小型猪的培育和生产。

第七节　国内外同类标准分析

目前没有相应的国际标准。

第八节　与法律法规、标准的关系

本标准的编制依据为现行的法律、法规和国家标准，与这些文件中的规定相一致。目前实验动物国标中没有SPF小型猪培育技术规程。

第九节　重大分歧意见的处理和依据

本标准起草过程各起草人都对草案和征求意见稿提出了建设性意见，但未出现重大分歧意见。

参 考 文 献

王美红. 2007. 1%过氧乙酸溶液在不同温度中的稳定性测定. 江西医药, 42(7): 643-644.

第十一章　T/CALAS 122—2022《实验动物　贵州小型猪》实施指南

第一节　工作简况

根据中国实验动物学会实验动物标准化专业委员会下达的 2021 年团体标准制（修）订计划，由贵州中医药大学和贵州省人民医院共同负责团体标准《实验动物　贵州小型猪》起草工作。

项目由全国实验动物标准化技术委员会（SAC/TC281）技术审查，由中国实验动物学会归口管理。贵州小型猪是贵州中医药大学在 20 世纪 80 年代初，甘世祥教授课题组以从江香猪作为基础群原创培育出实验动物新品种，1987 年通过贵州省科技厅组织专家鉴定并命名为贵州小型猪（ *Sus scrofa domestica* var. *mino guizhounensis* Yu.）。该品种小型猪具有体型小、性情温顺、耐受性强、遗传性能稳定等优点，其 6 月龄体质量 13 kg～19 kg，12 月龄体质量 20 kg～30 kg。截至目前，以贵州小型猪为研究对象获批国家科技攻关计划、国家科技支撑计划、国家自然科学基金、贵州省科技支撑计划等各级各类科学研究 40 余项，发表科研论文 100 余篇，出版专著 4 部，获得贵州省科技进步奖 2 项。《实验动物　贵州小型猪》团体标准主要规定了实验动物贵州小型猪外貌特征、繁殖性能、生长特性、遗传质量控制和微生物学质量控制及相关检测和结果判定等内容。

第二节　工作过程

本标准由中国实验动物学会实验动物标准化专业委员会提出，贵州中医药大学和贵州省人民医院按照团体标准研制要求和编写工作的程序，组成了由单位专家和专业技术人员参加的编写小组，制定了编写方案，并就编写工作进行了任务分工。由吴曙光、田维毅、陆涛峰、赵海、吴延军、王荣品、曾宪春、陈明飞、姚刚、张靖、张健等老师对《实验动物　贵州小型猪》团体标准内容进行修改，并撰写编制说明。

2021 年 7 月，贵州中医药大学实验动物研究所获批贵州省科技厅颁发的实验动物生产许可证书和实验动物使用许可证书（含小型猪）。2021 年 8 月，贵州中医药大学实验动物研究所完成了对贵州小型猪相关标准及相关资料的整理和分析。

2021 年 9 月，查阅大量文献资料，对贵州小型猪质量标准制定进行讨论，并提出研究方案。

2021 年 10 月，进一步征求贵州小型猪标准的建议和意见，并结合本所查阅的资料和研究结果，确定了标准框架及内容。

2021 年 12 月，按照团体标准的要求，完成《实验动物　贵州小型猪》团体标准的撰写，形成标准征求意见稿。

2022 年 1 月，修改并提交征求意见稿和编制说明。

2022 年 3 月经中国实验动物学会实验动物标准化专业委员会内部审查，经修改后于 2022 年 6 月形成公开征求意见稿。

2022 年 8～9 月中国实验动物学会公开征求意见。根据征求意见结果形成送审稿。

2022 年 11 月，按照征求意见汇总表进行修改。

2022 年 12 月经全国实验动物标准化技术委员会审查通过，并根据委员会意见修改形成报批稿。

2023 年 2 月 1 日经中国实验动物学会第七届理事会常务理事会第十一次会议审议通过，批准发布。

第三节　编写背景

贵州中医药大学实验动物研究所经过近四十年持续对贵州小型猪进行保种、选育和标准化研究，在生物学基础、多学科应用、人类疾病动物模型等方面开展研究，目前贵州小型猪广泛应用于肿瘤学、药理学、毒理学及中医药等领域。有必要制定标准，进一步推动和规范其在生物医学研究领域的应用。

第四节　编制原则

本标准的编制主要遵循以下基本原则：一是符合国家的政策，贯彻国家的法律法规及先行相关标准；二是保证标准的适用性，充分调查研究，满足实际需要，分析国内外同类技术标准的技术水平，积极吸纳先进技术；三是注意标准的经济和社会效益，保护利用特殊资源。

第五节　内容解读

本标准由范围、规范性引用文件、术语和定义、品种特性、质量控制、附录等部分构成。现将《实验动物　贵州小型猪》主要技术内容说明如下。

一、本标准范围的确定

本文件规定了实验动物贵州小型猪的外貌特征、繁殖性能、生长特性，以及遗传学质量控制和微生物学质量控制内容。本文件适用于贵州小型猪的鉴别、选育、生产和质量控制。

二、规范性引用文件

本标准的制定和应用参考下列文件：GB 14923《实验动物　遗传质量控制》、GB

14922—2022《实验动物　微生物、寄生虫学等级及监测》、T/CALAS 19—2017《实验动物　SPF 猪遗传质量控制》、T/CALAS 33—2017《实验动物　SPF 猪微生物学监测》、GB/T 14926.4《实验动物　皮肤病原真菌检测方法》、GB/T 14926.8《实验动物　支原体检测方法》等。

三、术语和定义

为方便本标准的使用和理解，本标准规定了两项术语和定义：①实验用小型猪 experimental minipig；②贵州小型猪 *Sus scrofa domestica* var. *mino guizhounensis* Yu.。

四、品种特性

1. 外貌特征

（1）经过多年的体型小且结实匀称、性情温顺等定向培育，贵州小型猪形成了稳定的外貌特征：全身被毛黑色，体型微小且匀称，体质结实，四肢有力，双耳两侧伸展或下垂，吻部短粗，横行皱纹深而宽，偶见吻部细长。贵州小型猪特征性照片见标准附录 A。

（2）贵州小型猪在断乳之后生长发育较快，6 月龄公猪体重 13 kg～18 kg，体长 49 cm～61 cm，体高 30 cm～40 cm。6 月龄母猪体重 14 kg～19 kg，体长 55 cm～65 cm，体高 30 cm～40 cm。6 月龄之后生长缓慢。

2. 繁殖性能

贵州小型猪性成熟早，公猪在 30 日龄出现爬跨行为，45 日龄出现阴茎伸出，65 日龄出现射精行为；母猪 90 日龄出现发情征兆，120 日龄出现初情期，可接受公猪爬跨。母猪初情期在 4～5 月龄，发情持续期 72 h～96 h，发情周期为 21 d；妊娠周期为 114 天，窝产仔数 4～10 头，哺乳母猪母性强，哺乳期 60 天。初生仔猪体重小，需要做好保温，仔猪平均初生个体质量 0.57 kg，21 d 平均个体质量 2.20 kg，60 d 离乳平均个体质量 4.85 kg。

3. 生长特性

贵州小型猪公、母猪在 4 月龄后生长速度开始加快，在 5～6 月龄时生长速度达到高峰，7 月龄生长速度逐步下降。与母猪相比，公猪有较低的初始体重、极限体重和月增重，详见标准附录 B 图 B.1。贵州小型猪 6 月龄体重小于 19.0 kg，6 月龄之后体重增长变缓，体重累积曲线呈现"S"形，详见标准附录 B 图 B.2。

五、质量控制

1. 遗传学质量控制

（1）一般要求

种用动物应符合本品种的外貌特征、生长发育、繁殖性能等要求，应来源清楚、遗传背景清晰、谱系记录完整。符合 GB 14923 中 6.1 质量标准。

（2）繁殖方法

贵州小型猪封闭群的选育方法按照 GB 14923 附录 B 执行。根据种群大小选择最佳避免近交法、循环交配法和随选交配法进行繁殖，在群体种公猪 10～25 头时采用最佳避免近交法；在群体种公猪 26～100 头时采用循环交配法；在群体种公猪大于 100 头时采用随选交配法。按饲养单元留种，同窝选公不选母，或选母不选公。贵州小型猪近交系严格按照全同胞兄妹交配方式进行繁殖。基础群动物不超过 5～7 代都应能追溯到一对共同祖先。

（3）遗传质量监测

1）监测频率

封闭群贵州小型猪每年至少进行 1 次遗传质量监测。

2）抽样

随机抽取封闭群动物非同窝成年贵州小型猪用于检测，雌雄各半。抽样数量应根据群体大小而不同，群体小于 100 头，抽样数量不少于 5 头；群体数量在 100～500 头的抽样数量不少于 10 头；群体数量大于 500 头的抽样数量不少于 15 头。

3）检测方法

采用微卫星 DNA 标记检测方法。具体方法参照 T/CALAS 19—2017、GB14923。

4）结果判定

群体内遗传变异采用平均杂合度指标或群体平衡状态方法进行评价。

当平均杂合度在 0.5～0.7 时，且期望杂合度与观测杂合度经卡方检验无明显差异时，群体为合格的封闭群猪群体。或用群体是否达到平衡状态来判定，如果没有达到平衡状态，说明群体的基因频率或基因型频率发生变化，该封闭群猪群体判为不合格。见标准附录 C 和附录 D。

2. 微生物学和寄生虫学质量控制

（1）微生物学等级分类

贵州小型猪微生物寄生虫学等级根据 GB 14922—2022《实验动物　微生物、寄生虫学等级及监测》，分为普通级、无特定病原体级、无菌级。

（2）临床观察

外观检查无异常，应表现为体型匀称，四肢有力，被毛光滑柔顺，采食及饮水正常，大小便正常，行动敏捷，天然孔窍无分泌物附着，母猪性周期正常，公猪交配能力旺盛。

（3）微生物检测

1）微生物检测项目

根据 GB 14922—2022《实验动物　微生物、寄生虫学等级及监测》普通级贵州小型猪检测排除危害猪群健康的烈性传染病病原体和人兽共患病病原体，猪瘟病毒、猪繁殖与呼吸综合征病毒、流行性乙型脑炎病毒、口蹄疫病毒可以免疫；无特定病原体级贵州小型猪检测排除对实验研究干扰大的病原微生物；无菌级贵州小型猪在体内外均不能检测出生命体。各等级贵州小型猪病原微生物检测项目见表 1。

表 1　各等级贵州小型猪病原微生物检测指标及要求

动物等级	检测指标	检测要求
普通级	非洲猪瘟病毒 African swine fever virus	●
	猪瘟病毒 Classical swine fever virus	▲
	猪繁殖与呼吸综合征病毒 Porcine reproductive and respiratory syndrome virus	▲

续表

动物等级	检测指标	检测要求
普通级	流行性乙型脑炎病毒 Japanese encephalitis virus	▲
	伪狂犬病病毒 Pseudorabies virus	●
	布鲁氏菌 *Brucella* spp.	●
	口蹄疫病毒 Foot and mouth disease virus	▲
无特定病原体级	猪链球菌 2 型 *Streptorcoccus suis* type 2	●
	猪轮状病毒 Porcine rotavirus	●
	猪圆环病毒 2 型 Porcine circovirus type 2	●
	猪胸膜肺炎放线杆菌 *Actinobacillus pleuropeumoniae*	●
	猪流行性腹泻病毒 Porcine epidemic diarrhea virus	●
	猪肺炎支原体 Mycoplasmal pneumonia of swine	●
	猪丹毒杆菌 *Erysipelothrix rhusiopathiae*	●
	猪传染性胃肠炎病毒 Porcine transmissible gastroenteritis virus	●
	猪痢疾短螺旋体 *Brachyspira hyodysenteriae*	●
	副猪嗜血杆菌 *Haemophilus parasuis*	○
	支气管败血鲍特菌 *Bordetella bronchiseptica*	○
	多杀巴斯德菌 *Pasteurella multocida*	○
无菌级	无任何可查到的细菌	●

注：▲必须检测，CV 级可以免疫。●必须检测，要求阴性。○必要时检测项目。

2）微生物检测方法

贵州小型猪寄生虫学检测根据 GB 14922—2022《实验动物 微生物、寄生虫学等级及监测》、GB/T 18646《动物布鲁氏菌病诊断技术》等国家标准和 NY/T 679《猪繁殖与呼吸综合征免疫酶试验方法》等农业行业标准进行检测。检测方法见表 2。

表 2 贵州小型猪病原微生物检测方法

微生物检测指标	检测方法
非洲猪瘟病毒 African swine fever virus	GB/T 18648—2020
猪瘟病毒 Classical swine fever virus	GB/T 16551；SN/T 1379.1
猪繁殖与呼吸综合征病毒 Porcine reproductive and respiratory syndrome virus	GB/T 18090；NY/T 679
流行性乙型脑炎病毒 Japanese encephalitis virus	GB/T 18638
布鲁氏菌 *Brucella* spp.	GB/T 18646
伪狂犬病病毒 Pseudorabies virus	GB/T 18641
口蹄疫病毒 Foot and mouth disease virus	GB/T 18935
猪链球菌 2 型 *Streptococcus suis* type 2	GB/T 19915.1～3；GB/T 19915.7
副猪嗜血杆菌 *Haemophilus parasuis*	GB/T 34750
猪轮状病毒 Porcine rotavirus	GB/T 34756
猪圆环病毒 2 型 Porcine circovirus type 2	GB/T 21674
猪胸膜肺炎放线杆菌 *Actinobacillus pleuropneumoniae*	NY/T 537—2023
猪流行性腹泻病毒 Porcine epidemic diarrhea virus	NY/T 544

续表

微生物检测指标	检测方法
猪肺炎支原体 Mycoplasmal pneumonia of swine	GB/T 14926.8
猪丹毒杆菌 *Erysipelothrix rhusiopathiae*	NY/T 566
猪传染性胃肠炎病毒 Porcine transmissible gastroenteritis virus	NY/T 548
猪痢疾短螺旋体 *Brachyspira hyodysenteriae*	NY/T 545
猪细小病毒 Porcine parvovirus	SN/T 1919
支气管败血鲍特菌 *Bordetella bronchiseptica*	NY/T 546
多杀巴斯德菌 *Pasteurella multocida*	NY/T 546

（4）寄生虫检测

1）寄生虫检测项目

根据 GB 14922—2022《实验动物　微生物、寄生虫学等级及监测》普通级贵州小型猪检测排除危害猪群健康的烈性传染病病原体和人兽共患病病原体，猪瘟病毒、猪繁殖与呼吸综合征病毒、流行性乙型脑炎病毒、口蹄疫病毒可以免疫；无特定病原体级贵州小型猪检测排除对实验研究干扰大的病原微生物；无菌级贵州小型猪在体内外均不能检测出生命体。

普通级贵州小型猪应检测排除旋毛虫、囊尾蚴、弓形体、体外寄生虫。

无特定病原体级贵州小型猪在普通级基础上应检测排除旋毛虫、囊尾蚴、弓形体、体外寄生虫、囊等孢球虫、艾美耳球虫、小袋纤毛虫、贾第虫、阿米巴原虫、隐孢子虫、蠕虫。

2）寄生虫检测方法

贵州小型猪寄生虫学检测根据 GB 14922—2022《实验动物　微生物、寄生虫学等级及监测》、GB/T 18448.2《实验动物　弓形虫检测方法》等国家标准和 NY/T 1949《隐孢子虫卵囊检测技术　改良抗酸染色法》等农业行业标准进行检测。各等级贵州小型猪病原寄生虫检测方法见表3。

表3　贵州小型猪体内外寄生虫检测方法

寄生虫检测指标	检测方法
旋毛虫	GB/T 18642
囊尾蚴	GB/T 18644
弓形体	GB/T 18448.2
体外寄生虫	GB/T 18448.1
囊等孢球虫	GB/T 18647
艾美耳球虫	GB/T 18647
小袋纤毛虫	GB/T 18448.10
贾第虫	GB/T 18448.10
阿米巴原虫	GB/T 18448.9
隐孢子虫	NY/T 1949
蠕虫	GB/T 18448.6

（5）检测程序

检测程序参照 GB 14922—2022《实验动物　微生物、寄生虫学等级及监测》执行。

（6）检测规则

检测频率根据 GB 14922—2022《实验动物　微生物、寄生虫学等级及监测》，每 3 个月至少检测一次。新建实验猪场应每 2 个月检测一次，一年内全部合格方视为合格。上次抽检不合格的猪场应每 2 个月检测一次，连续 3 次检测合格方视为合格。

（7）结果判定

1）抗体检查

免疫项目，群体免疫合格率≥70%，判为合格。

非免疫项目，血清抗体阴性判为合格。

2）抗原和核酸检查

未见阳性结果判为合格。

（8）判定结论

所有项目的检测结果均合格，判为符合相应的等级标准。否则，判为不符合相应的等级标准。

第六节　分 析 报 告

按照本标准条款要求，组织实施了相关重要的试验项目进行验证，实施的试验项目有：猪瘟、布鲁氏菌、肺炎支原体、弓形虫。

每年进行一次内部自检，检测结果符合普通级小型猪标准要求；五年进行一次第三方检测，最近一次检测是在 2021 年 5 月，由苏州西山生物技术有限公司检测，结果符合要求。

2022 年按照 10%自检非洲猪瘟病毒，结果阴性。

2021 年按照 10%比例自检猪瘟、口蹄疫、乙脑抗体结果阳性，为计划免疫；非洲猪瘟、布鲁氏菌、伪狂犬病、链球菌 2 型、肺炎支原体、弓形虫抗原检测结果阴性。

2021 年按照 10%比例由苏州西山生物技术有限公司按照江苏省小型猪地方标准检测沙门氏菌、布鲁氏菌、弓形虫、体表寄生虫，结果阴性。

2020 年按照 10%比例自检猪瘟、口蹄疫、乙脑抗体结果阳性，为计划免疫；非洲猪瘟、布鲁氏菌、伪狂犬病、链球菌 2 型、肺炎支原体、弓形虫抗原检测结果阴性。

第七节　国内外同类标准分析

本标准没有采用国际标准。

本标准在制定时未对国外原材料进行测试。本标准的总体技术水平属于国内领先水平。

第八节　与法律法规、标准的关系

无。

第九节 重大分歧意见的处理和依据

无。

第十二章　T/CALAS 123—2022《实验动物　缺血性脑卒中啮齿类动物模型评价规范》实施指南

第一节　工作简况

本标准的编制由全国实验动物标准化技术委员会 2021 年 12 月组织立项。起草单位为中国医学科学院医学实验动物研究所、中国医学科学院基础医学研究所。本标准的主要起草人：孟爱民、刘雁勇、管博文、何君、孔琪、王卫、魏强。

第二节　工作过程

2017 年"基于重大神经疾病非人灵长类模型的干细胞治疗评价研究"课题立项。为完成课题中神经干细胞治疗脑卒中治疗有效性及治疗方案选择的临床前研究内容，广泛阅读文献、资料收集，向有经验的专家请教，互相交流，讨论制定具体的研究方案。

2018 年与领域内专家中国医学科学院基础医学研究所的刘雁勇教授课题组合作学习模型制备及评价方法；2019～2021 年进行大鼠神经干细胞制备、荧光标记；开展线栓法脑缺血再灌注大鼠模型制备、评价指标建立，并完成了神经干细胞疗效评价实验，管博文进行了操作文件的撰写及修改工作；

2021 年起草小组讨论准备标准初稿，准备模型制备和评价指标 2 项提案；咨询中国实验动物学会实验动物标准化专业委员会秘书处，将 2 项提案合并。

2021 年 11 月起草单位向全国实验动物标准化技术委员会提交了《线栓法制备大鼠大脑中动脉缺血再灌注损伤模型指南》的提案。2021 年 12 月全国实验动物标准化技术委员会立项，修改内容及格式，回复专家修改意见。

2022 年 1 月，标准进行修改后返回。

2022 年 3 月经中国实验动物学会实验动物标准化专业委员会内部审查，经修改后于 2022 年 6 月形成公开征求意见稿。

2022 年 8～9 月中国实验动物学会公开征求意见。根据征求意见结果形成送审稿。

2022 年 12 月经全国实验动物标准化技术委员会审查通过，并根据委员会意见修改形成报批稿。

2023 年 2 月 1 日经中国实验动物学会第七届理事会常务理事会第十一次会议审议通过，批准发布。

第三节 编 写 背 景

脑卒中是一种常见突发性疾病，主要由脑血管血栓形成或血管破裂，以及脑组织供血、供氧不足引起。按照其发病原因可分为缺血性脑卒中和出血性脑卒中，其中缺血性脑卒中约占全部卒中类型的 80%～87%。而且大脑中动脉是常见的梗塞部位。脑卒中具有高发病率、高复发率、高致残率及经济负担重的特点，目前已被世界卫生组织列为人类健康的最大挑战之一。因而缺血性脑卒中发病机制及防治措施研究是临床前研究的热点。但是缺血性脑卒中临床前研究所面临的最大挑战是临床转化困难，影响因素非常复杂。影响动物模型应用的因素中，除了动物模型无法完全复制人类缺血性卒中疾病特点之外，缺少动物模型制备及评价的统一标准也是重要的影响因素。

第四节 编 制 原 则

本标准的制定原则在充分参考了国内外有关大小鼠缺血性脑卒中模型研究的基础上，对我们的实验结果进行总结、提炼，广泛采纳有关专家合理建议，立足各项指标既符合动物实际情况，又具有科学性和可操作性。

a）科学性原则：制备和评价脑缺血模型，首先要保证动物模型的科学性和有效性，避免重复和无效的动物实验。

b）一致性原则：模型制备人员应经过麻醉及手术操作培训，保证模型损伤程度一致性。

c）适用性原则：动物模型种类较多，各种动物模型的侧重点不同。本标准针对缺血性脑卒中大小鼠模型，注重选择适用面较广、有代表性的，便于使用者掌握。

d）动物福利原则：动物福利是实验动物的基本诉求，在制备和评价缺血性脑卒中模型时，首先考虑能够满足动物福利的基本需求，尽量避免对动物没有必要的伤害。动物模型制备方案应经过实验动物管理与使用委员会（Institutional Animal Care and Use Committee, IACUC）的批准。

e）经济性原则：在保证满足科学研究需要的前提下，缺血性脑卒中模型的制备和评价要尽量节约，避免浪费。减少实验动物的使用量，提高利用率。

f）可操作性原则：本标准具有较好的可操作性，简单易用，对规范缺血性脑卒中动物模型的制备和评价具有实际意义。

第五节 内 容 解 读

1. 缺血性脑卒中啮齿类动物模型的选择

缺血性脑卒中模型主要分为全脑缺血模型和局灶性缺血模型。全脑缺血模型是通过将椎动脉（2 血管）、颈动脉（2 血管）或两者（4 血管）结扎 5～15 分钟，类似于人类心脏骤停或冠状动脉闭塞的情况。与人类脑卒中的发生发展差异较大。临床上多是局灶性脑缺血并且伴随有缓慢再灌注，血流永久停止也很少见。大鼠大脑中动脉缺血再灌注损伤模型目前应用最广，适于对再灌注损伤的机制研究；可对缺血及再通时间准确控制，用于治疗时间窗的研究；是进行缺血性脑卒中发生机制研究和治疗评价的最基本的动物模型。另一种常用的方法是用各种方式直接闭塞血管，分为永久闭塞血管（如凝断）和暂时闭塞血管（如结扎），但大多都需要开颅的手术操作。另外还有使用内皮素-1（一种强血管收缩剂）诱导短暂的局灶性脑缺血，其产生的病灶可以分布于脑组织任何位置，常常被用于制作腔隙性梗死的模型。光化学法是在系统给予荧光物质后，用可穿透颅骨的光线，激活特定脑区的荧光剂，从而达到局部梗死的目的。这种方法可以做到高度的可重复性，并且病灶可以相当局限。但缺点是这种方法制作的模型缺乏缺血半暗带，因而不能很好地模拟某些病理生理变化。另外还有血栓栓塞模型和球囊栓塞模型，这两种方式与实际临床病理生理过程更为相近，但同时也有梗死位置变异性大，并且有不可预知的血管再通等问题（表1）。

表1 常用缺血性脑卒中动物模型

模型	建模方法	优势	缺点
线栓模型	啮齿类动物缺血性脑卒中最常用的实验模型。沿颈内动脉插入线栓并向前推进，直到大脑中动脉起始部引起阻塞	不需开颅手术，可用于模拟永久性局部缺血；退出线栓引起再灌注，构建再灌注时间点可变的局灶性脑缺血模型；定位表现准确，病理生理学基础与临床相似	血管完全栓塞，无自发再灌注；通过撤除线栓引起再灌注与临床情况有差异；需要麻醉
开颅手术模型	通过外科手术方法切断、灼烧或结扎脑部血管，造成永久性栓塞，或通过直接栓塞脑表面血管诱导局灶性缺血	与人类缺血性脑卒中的病理改变较接近，形成缺血半暗带；可同时观测生理、生化、病理形态及行为学等指标；可实现短暂性或永久性缺血	操作复杂，需要麻醉和开颅，脑积液、脑组织损伤、感染的风险大
光化学栓塞模型	全身性给予光敏染料，然后用特定波长的光照射脑部，激活染料，形成氧自由基和过氧化物，造成内皮损伤、血小板活化并聚集，引起末端动脉区域细胞缺血性死亡，导致脑皮质缺血损伤	操作简单，不需开颅，可重复性好，动物死亡率低；可通过控制实验参数改变梗死灶的大小和严重程度	易引起细胞毒性水肿；缺乏缺血半暗带和旁支血流循环；血栓阻塞发生于终末动脉，与人类情况差异较大
内皮素-1模型	内皮素-1作用于血管，引起血管持续收缩诱导分支血管缺血	在清醒动物身上建模；可通过调整内皮素-1水平改变脑缺血的严重程度、持续时间从而控制梗死面积	用内皮素后局部缺血发展缓慢，且仅伴有轻度水肿，与人类脑卒中有差异
血栓栓塞模型	将自发形成或凝血酶诱导的体外血栓凝块注入血管以模拟血管栓塞	最接近人类脑卒中，病理生理学特征与人类缺血性脑卒中完全匹配；急性期和慢性恢复期均适用	动物死亡率高，易引发脑出血；缺血程度难以控制
球囊栓塞模型	血管内置入不溶解的人工球体诱导永久性缺血	有缺血半暗带；可研究脑卒中后的生理病理情况；可以在MRI或PET扫描仪中完成造模，以便采集脑卒中全程的数据信息	无法实现再灌注；易引起血管源性水肿

选择缺血性卒中动物模型，总的原则是与卒中临床表现的匹配度高，能够模拟出临床卒中多个方面的病理生理改变。此外还应注意模型构建过程中实验操作应简单易行、对动物损伤性小，病灶位置和梗死体积大小应重现性强、稳定性高。

2. 实验动物的选择

目前制备脑卒中临床前动物模型大鼠使用最多。小鼠多数是使用基因修饰小鼠进行缺血性脑卒中机制研究。大脑中动脉栓塞模型大鼠首选 SD 大鼠，Wistar 大鼠易出现严重脑组织梗死，梗死灶变异更大。进行药效学评价时要在两种性别中进行。考虑到临床患者发病情况，注意老年动物及合并高血压、糖尿病的作为动物模型制备背景，但是具有合并症的动物增加模型的不稳定性和制备成本。

3. 制备方法

预实验要根据研究目的考虑全脑性或者局灶性脑缺血制备方法的选择。缺血再灌注损伤包括线栓的选择，线栓头部的形状、直径、涂层性质都会对梗死灶形成及范围产生影响。线栓法制备大脑中动脉梗塞模型时一般选择颈外动脉插入线栓，也有选择颈总动脉进入，前者一般用于脑缺血再灌注损伤模型，后者多用于永久性栓塞模型。血管梗塞时间超过 1 h后有可能产生比较一致的梗死灶；预期观察终点的选择。

在预实验的基础上要根据实验分组的需求以及实验模型制备成功率选择实验动物的数量。应该考虑动物体重及状态对实验结果的影响。尤其是线栓法制备局灶性脑缺血模型时，动物体重与线栓的选择关系密切。不同的体重与线栓头部尺寸选择相关。为了降低动物死亡率，产生稳定梗死范围，一般选择 200 g～400 g 大鼠进行实验。

在制备动物模型操作过程中，要控制好影响动物状态的环境影响因素。麻醉及手术操作需要经过严格培训，熟练操作，在术中密切观察动物的生理状态，有条件时进行仪器检测动物的体温、呼吸、血压、血氧等参数，以此减少动物的死亡，保持模型的成功率。同时制备模型的很多操作是有创的，要注意保证实验动物的福利，尽量减少实验动物的痛苦，麻醉及止痛药物使用要得当。按照 IACUC 要求，需要时进行安乐死。

4. 评价指标及时间

评价时要统一评分标准，盲法进行评分，减少主观偏差。在脑组织样本收集、检测、数据收集要有详细可行的操作步骤及注意事项。目前最基础的模型评价指标是神经行为及梗死灶体积测定。梗死灶体积测定选择 HE 染色法（hematoxylin-eosin staining）和氯化三苯基四氮唑（2, 3, 5-triphenyltetrazolium chloride，TTC）染色法。其中 HE 染色在梗死灶形成 24 h 后检测比较稳定；TTC 法大鼠梗死 3 h 即可检测，在 24 h～36 h 期间比较稳定，36 h 后由于免疫细胞浸润可能会对梗死灶边缘判断有一定的影响。小鼠则是在梗死12 h 检测更为稳定。因为梗死后不同时间，早期脑水肿或者后期梗死灶萎缩会影响脑梗死体积的测定，在计算脑梗死体积时应予以校正。制备缺血性脑卒中模型手术过程中可以进行脑血流监测，脑血流量减少 70%以上为模型成立。近年来随着检测技术条件的改善，利用小动物核磁成像技术可以检测梗死灶及缺血半暗带的部位和范围；区分脑缺血或者脑梗死；可以进行同一模型动物的前后对比，为评价脑缺血损伤模型提供了更好的评价指标。

行为测试是模型评价的最基本指标，术后模型成立判定主要是测定运动功能损伤。量表可以综合评价运动感觉功能，可能与梗死严重程度更为符合。在评价时应选择中等程度损伤模型。增加爬杆实验和粘纸去除实验可提高卒中晚期损伤的评价的敏感性。

缺血性脑卒中在制备过程中操作比较复杂，动物体重要求严格，存在脑出血或蛛网膜下腔出血风险。因此在制备过程中需要规范操作，保证动物模型符合实验要求，最大限度地保证实验质量、保障实验动物福利。制定本标准，规范模型制备和评价标准，将有利于不同实验室临床前结果的比较，在此基础上结合合适的大型动物实验增加临床前研究结果的转化。

第六节　分 析 报 告

1. 规范化要求

疾病动物模型最终目的是应用。在制备过程中需要经过各种预实验，稳定成熟模型的各种要素，包括动物、实验环境、操作步骤、评价程序、标本处理、数据分析等过程，制定完整的实验计划，规范化操作，以达到标准、统一的要求。

2. 应用

a）缺血性脑卒中病理生理过程研究。局灶性脑缺血受累区域的动态变化，神经组织、细胞损伤性质及程度，血流灌注及血管损伤的改变等研究为理解疾病的发生发展具有重要的意义。

b）局灶性缺血性脑卒中发病机制研究。脑缺血后不同时间点组织、细胞损伤的机制研究；神经细胞损伤及微环境细胞损伤分子机制研究等。

c）药效学评价及药物作用机制研究。根据局灶性脑缺血发病机制的研究，发现新的防治作用靶点，研发新的药物。进行新药药效学评价，提供临床前药效学资料。用于用药剂量及用药时间窗的研究，为临床研究及应用提供依据。

3. 局限性

啮齿类动物脑缺血模型使用时间很长，每种模型的制备方法及优缺点积累了很多经验，为发病机制研究进展提供了有利的支撑。目前啮齿类动物模型有效的神经细胞保护剂均未得到成功转化。分析原因，目前所有模型只能部分符合临床缺血性脑卒中的改变。所用的啮齿类动物主要是大鼠、小鼠。大鼠血管更接近于人，但是脑回结构与人差异较大，进行神经组织细胞损伤机制、防止措施研究结果会导致动物实验结果与临床不一致。另外，临床前研究多是采用初成年的健康大鼠，而临床患者年龄（多是老龄）、合并症、梗死部位及病变程度、合并用药等方面具有非常大的异质性，也是临床前动物模型的局限。因此需要具有各种合并症的各种啮齿类模型进行有效性研究很有必要；在此基础上增加大动物特别是非人灵长类动物的临床前研究。由于模型制备相对复杂，实验模型的稳定性、评价标准差异很大，各实验室研究结果重复性有待改进。有提议要开展多中心临床前研究、进行研究结果的 meta 分析、报告阴性研究结果等方法提高临床前研究的一致性和可信性。因此模型制备及评价的规范化是必需的。

第七节　国内外同类标准分析

为应对脑卒中临床前研究转化困难问题，美国成立卒中治疗学术产业圆桌会议（Stroke Treatment Academic Industry Roundtable，STAIR），旨在通过学术界、产业界和监管机构之间的合作来推动急性卒中治疗发展。1999年发布了临床前研究规范，希望用药方案更符合临床。2009年进行了更新。该指南要求提高急性缺血性脑卒中治疗方法临床前研究的质量内容包括：①至少在1个物种的模型，通常是大鼠，有明确量-效反应曲线。②要考虑到动物模型与人类脑卒中治疗时间窗的不同，并对动物模型进行不同时间窗的研究，寻找有效的时间窗。③随机、双盲动物研究的生理监测和治疗效果在其他实验室是可重复的，其中至少1个独立于赞助公司。④结果评定应包括梗死体积和动物的功能评估。⑤初始研究应在较小的物种、永久闭塞的动物模型来完成，而实验重点放在后面的较大的动物（猫、灵长类动物）进行的进一步临床前评估。⑥数据应该在同行评审的期刊发表或提交审查。⑦目前有关卒中恢复期促进神经功能恢复的新药物制剂和其他的治疗措施的发展存在巨大的尚未开发的机会。

2014年英国国家3Rs中心（NC3Rs）召集了来自学术界、制药业和英国内政部（负责动物研究的政府机构）的英国专家组成工作组，为降低动物在最常见的大脑中动脉（middle cerebral artery，MCA）闭塞模型中的严重程度，同时保证科学性提供建议。

我们的评价规范则是在评价缺血性脑卒中模型时提供了基本的、常用的神经行为及脑梗死体积的评价指标，另外还推荐脑血流图、核磁共振成像（magnetic resonance imaging，MRI）等脑缺血、脑梗死体积检测指标。并且在制备和评价模型中实现模型稳定的同时要注意保证动物福利。

第八节　与法律法规、标准的关系

无。

第九节　重大分歧意见的处理和依据

无。

参 考 文 献

Fisher M, Feuerstein G, Howells DW, Hurn PD, Kent TA, Savitz SI, Lo EH; STAIR Group. 2009. Update of the stroke therapy academic industry roundtable preclinical recommendations. Stroke , 40(6): 2244-2250.

Kilkenny C, Browne WJ, Cuthill IC, Emerson M, Altman DG. 2010. Improving bioscience research reporting: the ARRIVE guidelines for reporting animal research. PLoS Biol, 8(6): e1000412.

Li Y, Zhang J. 2021. Animal models of stroke. Animal Model Exp Med, 4(3): 204-219.

Liu S, Zhen G, Meloni BP, Campbell K, Winn HR. 2009. Rodent stroke model guidelines for preclinical stroke trials (1st edition). J Exp Stroke Transl Med, 2(2): 2-27.

Percie du Sert N, Alfieri A, Allan SM, Carswell HV, Deuchar GA, Farr TD, Flecknell P, Gallagher L, Gibson CL, Haley MJ, Macleod MR, McColl BW, McCabe C, Morancho A, Moon LD, O'Neill MJ, Pérez de Puig I, Planas A, Ragan CI, Rosell A, Roy LA, Ryder KO, Simats A, Sena ES, Sutherland BA, Tricklebank MD, Trueman RC, Whitfield L, Wong R, Macrae IM. 2017. The IMPROVE Guidelines (Ischaemia Models: Procedural Refinements of in Vivo Experiments). J Cereb Blood Flow Metab, 37(11): 3488-3517.

Stroke Therapy Academic Industry Roundtable (STAIR). 1999. Recommendations for standards regarding preclinical neuroprotective and restorative drug development. Stroke, 30(12): 2752-2758.

第十三章　T/CALAS 124—2022《实验动物　猴痘病毒核酸检测方法》实施指南

第一节　工作简况

2022 年 5 月中国实验动物学会下达《实验动物　猴痘病毒核酸检测方法》团体标准编制任务。承担单位为中国医学科学院医学实验动物研究所、中国海关科学技术研究中心、中国科学院昆明动物研究所等。

第二节　工作过程

接到中国实验动物学会下达的编制任务之后，编写人员开始了大量的文献检索和资料调研工作，立即启动编制工作，讨论并确定了标准编制的原则和指导思想。确定了技术方法细节，并组织方法验证。

2022 年 6 月，由中国实验动物学会面向实验动物行业单位公开征求意见。

2022 年 7 月，工作组整理汇总全国专家对本标准征求意见稿提出的问题，进行了编制组会议讨论，并对专家的意见进行了逐一回复，采纳了绝大部分专家的意见。

2022 年 8 月，实验室对检测技术再次进行了验证，并对检测试剂、技术的稳定性等进行了评价。根据专家建议和各个编制单位的意见，对标准文稿再次进行了修改，最终形成标准送审稿和编制说明。

2022 年 9 月，由全国实验动物标准化技术委员会对本标准技术内容进行审查并通过。

2022 年 10 月编制起草组根据审查意见对文本细节进行进一步修改，形成报批稿。

2023 年 2 月 1 日经中国实验动物学会第七届理事会常务理事会第十一次会议审议通过，批准发布。

第三节　编写背景

猴痘病毒是一类重要的人兽共患病，列入国家标准 GB 14922 实验猴排除病原名录中。既往采用血清学检测技术，在国内既往检测中未发现阳性样品。但近来境外出现了猴痘病毒人员感染的散发病例，出于生物安全角度考虑，针对该病原的潜在感染动物进行分子病原学检查非常必要。从技术标准化的角度，有制定猴痘病毒核酸检测方法标准的需求。

第四节　编制原则

1. 本标准在制定中应遵循的基本原则

a）本标准编写格式应符合 GB/T 1.1—2020 的规定；

b）本标准规定的技术内容及要求应科学、合理，具有适用性和可操作性；

c）本标准的水平应达到国内领先水平。

2. 本标准编写的主要依据

国家标准 GB 14922《实验动物　微生物、寄生虫学等级及监测》；GB 19489《实验室　生物安全通用要求》；GB/T 19495.1《转基因产品检测　通用要求和定义》； GB/T 14926.42《实验动物　细菌学检测 标本采集》；T/CALAS 61—2018《实验动物　病原核酸检测技术要求》等。

第五节　内容解读

本标准由范围、规范性引用文件、缩略语、检测方法原理、主要设备和耗材、试剂、检测方法、检测过程中防止交叉污染措施等部分构成。从标准研究稿到标准征求意见稿经过了多次修改。现将《实验动物　猴痘病毒核酸检测方法》主要技术内容说明如下。

1. 范围

本标准的方法主要针对实验动物及其产品、细胞培养物、实验动物环境和动物源性生物制品中的猴痘病毒核酸检测。

2. 规范性引用文件

猴痘病毒检测样品的采集参考推荐性国家标准 GB/T 14926.42《实验动物　细菌学检测 标本采集》。

3. 试剂

所有试剂需进行质量控制，使用前应进行验证。

引物和探针：本标准用于实时荧光 RT-PCR 实验的引物 5 对。第一对引物扩增位置针对正痘病毒属多种常见病毒的保守序列进行设计，引物序列与猴痘病毒、鼠痘病毒、痘苗病毒等匹配度高，可作为正痘病毒属病毒筛查用引物；第二或第三对引物序列与猴痘病毒完全匹配，与其他正痘病毒属病毒匹配度低，无有效扩增，可用于猴痘病毒确认。需要进行分型时，可采用第四对西非株特异引物和第五对刚果株特异引物进行验证。目前可确认猴痘病毒的引物较多，如海关对人员检疫的标准。必要时可选择这些经过验证的其他引物进行结果验证。

4. 检测方法

（1）生物安全措施

猴痘病毒的主要感染途径是飞沫传播和接触传播，实验操作及处理，特别是样品采集等需要按照 GB 19489《实验室　生物安全通用要求》的规定，由具备相关资质的工作人员进行相应操作。

（2）样本采集与处理

采样过程中样本应防止交叉污染，采样及样品前处理过程中应戴一次性手套。可参考 T/CALAS 61—2018《实验动物　病原核酸检测技术要求》。

（3）实时荧光 RT-PCR

上述实验操作应用对照样品进行质量控制。

（4）结果判定

5. 检测过程中防止交叉污染的措施

按照 GB/T 19495.2《转基因产品检测　实验室技术要求》中的要求执行。

第六节　分析报告

本标准的制定参考了我国现行国家标准 GB 14922《实验动物　微生物、寄生虫学等级及监测》，应用痘苗病毒等进行了验证分析。基于此制定本标准。

第七节　国内外同类标准分析

目前国际上尚无针对实验动物猴痘病毒核酸检测的国际标准。本标准的编制主要参考了已发表文献，并对已发表的猴痘病毒及相关病毒基因组序列分析后进行制定。美国 CDC 等采用了该类技术，主要用于人类疑似患者的病原诊断；本标准引用了此类技术并对其进行优化、并进行适用性验证。

第八节　与法律法规、标准的关系

本标准的编制依据为现行的法律、法规和国家标准，与这些文件中的规定相一致。目前实验动物国家标准中没有实验动物猴痘病毒核酸检测方法标准，本标准作为团体标准是对现有标准的有利补充。

第九节　重大分歧意见的处理和依据

无。

参 考 文 献

Li Y, Olson VA, Laue T, Laker MT, Damon IK. 2006. Detection of monkeypox virus with real-time PCR assays. Journal of Clinical Virology, 36: 194-203.

Li Y, Zhao H, Wilkins K, Hughes C, Damon IK. 2010. Real-time PCR assays for the specific detection of monkeypox virus West African and Congo Basin strain DNA. Journal of Virological Methods, 169 (1): 223-227.

实验动物科学丛书